KB147807

# 블루베리
## 핵심재배기술

농학자 문원 교수가 재배하며 체험한

# 블루베리 핵심재배기술

초판 1쇄 펴낸날 | 2021년 6월 25일
초판 2쇄 펴낸날 | 2023년 7월 15일

지은이 | 문 원
펴낸이 | 고성환
펴낸곳 | (사)한국방송통신대학교출판문화원
　　　　주소 서울특별시 종로구 이화장길 54 (03088)
　　　　전화 1644-1232
　　　　팩스 (02)741-4570
　　　　홈페이지 http://press.knou.ac.kr
　　　　출판등록 1982. 6. 7. 제1-491호

출판위원장 | 이기재
편집 | 마윤희·김수미
편집 디자인 | (주)성지이디피
표지 디자인 | 최원혁

ⓒ 문 원, 2021
ISBN 978-89-20-04054-2 13520

값 22,000원

■ 잘못 만들어진 책은 바꾸어 드립니다.
■ 이 책의 내용에 대한 무단 복제 및 전재를 금하며 저자와 (사)한국방송통신대학교출판문화원의
　허락 없이는 어떤 방식으로든 2차적 저작물을 출판하거나 유포할 수 없습니다.

농학자 문원 교수가
재배하며 체험한

BLUEBERRY

# 블루베리

## 핵심재배기술

문 원 지음

지식의날개

# 행복의 파랑새를 찾아서

블루베리는 참 매력적인 과수이다. 뛰어난 맛에 다양한 기능성, 높은 수익성에 고소득 작물로 인기가 높다. 이에 너도 나도 한 번 키워 봤으면 하고, 멋진 블루베리 농원을 꿈꿔 보기도 한다. 그런데 생각만큼 재배가 쉽지 않다. 블루베리 나무의 독특한 생태적 특성 때문에 그냥 일반 과수 심 듯 심으면, 또는 자칫 관리가 소홀하면 십중팔구는 실패한다. 반면 그 특성을 이해하고 요구되는 기술을 잘만 적용하면 의외로 쉽게 재배할 수 있다. 그래서 공부하고 시작해야 한다. 모든 농사가 다 그렇지만 블루베리 농사는 특히 그렇다.

이 책은 블루베리 공부와 블루베리 농사에 도움을 주려고 썼다. 먼저 과수로서의 매력과 금후의 전망을 살펴보고, 이어 블루베리 나무의 구조 형태와 생태 특성을 소개하였다. 그리고 개원에서부터 재식 후의 관리, 전정, 나무보호, 수확 판매에 이르기까지 블루베리 농사에 필요한 핵심 재배기술을 다루었다. 자료를 수집하여 공부하고 체험으로 이해한 내용들을 정리했는데, 그중에는 나름의 추정과 해석을 곁들인 부분도 있다. 첫걸음 농부들을 위해 가능하면 쉽게 설명하려고 노력하였다. 무엇보다 전문 용어는 가급적 피하고자 했는데 여전히 어려운 용어들이 눈에 띈다. 공부하다 보면 차차 익숙해질 것이고, 그 익숙함으로 블루베리 농사에 한 걸음 더 다가갈 수 있을 것이다.

서서히 은퇴 준비를 하던 때였다, 블루베리라는 낯선 작물을 처음 만났다. 연구실 앞 옥상에 심어 놓고 보살피며 점점 친숙해졌다. 블루베리 강좌를 개설하고 가르치며 꾸준히 공부해 왔다. 블루베리협회에서 뉴스레터를 만들면서 전국의 농장을 방문했고, 현장에서 또 많이 배웠다. 무엇보다 괴산에서 겪은 약 10년의 블루베리 농사 경험은 블루베리 공부에 더없이 큰 보탬이 되었다. 직접 블루베리 농사를 지어 보니 배운 대로 하고, 매뉴얼대로 했는데도 안 되는 것들이 많았다. 여기에다 농사는 날씨보다 예측이 어려웠다. 날씨에 더하여 다양한 생물적 요인들이 관여하기 때문이다. 그래서 농사는 지식보다 경험이 더 중요하는 생각을 하면서 그간의 재배 경험을 이 책에 담았다.

누군가 블루베리를 연금나무, 블루베리 농사를 게으름의 농사라고 하였다. 연금나무는 블루베리 농사로 보통 은퇴자들의 연금 수입 이상을 벌 수 있다는 것이고, 게으름의 농사는 힘들이지 않고 할 수 있는 농사라는 의미다. 전원생활을 꿈꾸며 은퇴 후 귀촌·귀농을 희망하는 예비 농부들에게 꽤나 솔깃한 얘기일 텐데, 책 끝 부록에 소개한 〈연금나무 수익 모델과 성공사례〉 그리고 〈블루베리 '게으름의 농사' 체험수기〉에서 그 가능성을 엿 볼 수 있다. 그 가능성으로 블루베리와 인연을 맺고, 그 인연으로 모두가 행복했으면 좋겠다.

"블루베리(blueberry)라는 행복의 파랑새(bluebird)는 멀리 있지 않다."

2021년 봄 치재에서 문 원

블루베리와의 만남은 전적으로 은사님 덕분이었다. 블루베리와 인연을 맺게 해 주시고 줄곧 가르침을 주신 이병일 교수님께 깊이 감사드린다. 그리고 블루베리 농사 제의에 선뜻 응하고 지금까지 함께 해온 제자, 치재블루베리 정숙현 대표에게 큰 빚을 졌다. 이것으로 그 빚의 일부나마 갚고자 한다.
▶ 사진 : 이병일 교수님과 정숙현 대표

# 차 례

# 1장

# 왜 블루베리인가

## '첫걸음 농부의 최대 고민은 뭘 심을까이다'

블루베리는 짧은 재배 역사에도 불구하고 주요 과수로 자리 잡았다.

재배면적과 소비시장은 계속 증가하고 있다. 왜일까?

블루베리만의 독특한 매력 때문이다.

무엇보다 맛과 기능성이 뛰어나고, 시장 가격이 안정적이고 소득이 높다.

예비 농부들에게 블루베리를 적극 추천한다.

블루베리(농사)의 장점이자 매력 8가지를 꼽았다. 소비 측면에서 맛있고 먹기가 편하고 가공이 쉽고 보기에 좋고 건강 기능성이 뛰어나다. 생산 측면에서 재배 방식이 다양하고 농사 작업이 편하고 농약을 거의 치지 않고 무엇보다 수익성, 즉 단위면적당 소득이 높다.

## 1. 과실의 이용성이 뛰어나다

과실은 새콤달콤하고 풍미와 식감이 좋아 생식에 적합하다. 특히 과피가 부드럽고 종자가 미세하여 통째로 먹을 수 있으므로 버릴 것이 없다. 냉장하면 상당 기간 생과를 즐길 수 있고, 냉동하여 연중 이용할 수 있다. 소비자 가격이 비싸 고급 과실이라는 인식을 갖고 있어 선물로 주고받기에 좋다. 뿐만 아니라 비빔밥, 볶음밥, 피자, 샌드위치 등 다양한 음식에 곁들여 먹을 수 있다.

블루베리 샌드위치

블루베리 발효맥주

## 2. 과실의 가공성이 다양하다

과실의 독특한 색깔과 풍미로 인해 다양한 가공이 가능하다. 잼, 식초, 와인, 맥주, 막걸리, 아이스크림, 빵 등 거의 모든 가공식품에 적용할 수 있는 과실이 바로 블루베리이다. 생과로 출하하고 일부 하품이나 판매하지 못하는 과실은 쉽게 잼이나 주스 등으로 가공하여 이용할 수 있는 장점도 있다. 이러한 가공성은 부가가치를 높이고 홍수 출하에 따른 가격 하락을 막아 준다.

## 3. 관상가치가 특별한 과수이다

블루베리는 아름다운 볼거리를 제공한다. 봄에는 싱그러운 꽃을 감상할 수 있다. 희고 탐스러운 꽃송이가 일품이다. 여름에는 청자색의 열매가 눈을 즐겁게 해 준다. 열매 가운데는 핑크색의 특이한 품종도 있어 관상적 가치를 더 한다. 그리고 가을에는 아름다운 단풍을 볼 수 있다. 품종에 따라서는 빨간색 단풍이 단풍나무 잎보다 더 아름다워 관상 조경수로 이용되기도 한다.

## 4. 과실의 기능성이 탁월하다

블루베리의 주요 기능성 물질은 페놀화합물 가운데 하나인 안토시아닌이라

블루베리 가을 단풍

슈퍼푸드 블루베리

는 색소이다. 블루베리 과실에는 안토시아닌이 종류별로 다량 함유되어 있어 기능성이 남다르다. 과실의 기능성으로 항산화, 항노화, 항암작용을 들 수 있으며, 구체적으로는 심장혈관과 뇌기능 개선, 혈당 조절과 당뇨병 예방, 암 종양 성장과 암세포 전이 억제, 시력 개선과 야맹증 예방, 골다공증 예방 등이 있다.

## 5. 재배방식이 다양하다

블루베리는 관목성으로 키가 작기 때문에 다양한 재배방식을 적용할 수 있다. 노지재배가 일반적이지만 노지에서도 용기, 백, 화분, 베드 재배가 가능하고, 간단한 비가림 시설재배나 비닐하우스를 이용한 난방 가온재배도 가능하다. 친환경재배에도 유리하여 무농약재배, 유기농재배가 쉽고 도시의 빌딩 옥상에서도 재배할 수 있어 상황에 따라 적절한 재배방식을 선택할 수 있다.

## 6. 농사 작업이 간편하다

우리나라에서 재배되는 블루베리는 주로 하이부시종으로 키가 작다. 그래서 키가 큰 교목성 과수와는 달리 사다리를 이용할 필요가 없다. 대부분의 작업을 서서 하고 쪼그려 앉아서 하는 일도 많지 않다. 무엇보다도 가지치기나 수확 작업을 서서 편하게 할 수 있다. 과실이 작고 가볍기 때문에 수확 후 운

에어포트 용기재배

편안한 수확 작업

송, 선별, 포장, 유통 과정에서 다루기가 쉽고 비용이 상대적으로 적게 든다.

## 7. 농약 안 치고 제초가 쉽다

블루베리는 야생종을 개량한 것이지만, 일부 야생종은 그대로 재배하기도 한다. 야성이 남아 있어 병충해에 대한 내성이 강하다고 보는 견해도 있다. 많은 농가의 경험에 따르면 아직까지 치명적인 병충해는 없었고 농약을 사용해본 적이 없다. 그리고 우드칩이나 잡초 매트로 멀칭하기 때문에 제초에 크게 신경 쓰지 않는다. 초생재배를 하면서도 두세 번의 예초만 해 주면 된다.

## 8. 단위면적당 소득이 높다

블루베리는 단위면적당 소득 국내 1위 과수이다. 작물별 10a당 소득을 비교해 보면 블루베리가 가장 높다(농촌진흥청, 2020). 또한 국내외적으로 단위무게당 가격이 가장 비싼 과실이다. 그만큼 소비자들의 관심이 높고 과실로서의 가치가 크다. 외국산 생과가 수입되고 재배면적이 늘고 있지만 높은 가격이 꾸준히 유지되고 있고, 이런 가격은 바로 높은 소득으로 이어진다.

▌ 전면 우드칩 멀칭

▌ 블루베리 시장가격

16

## 1.2. 블루베리를 '슈퍼푸드'라고 부르는 까닭

> 블루베리의 기능성 물질 '안토시아닌'은 6가지 유형으로 나뉘며, 유형별 기능성이 다르다. 블루베리에는 안토시아닌이 유형(종류)별로 골고루 들어 있다. 특히 푸른색 계열의 안토시아닌을 많이 함유하고 있어 과색이 푸르고(blue), 그에 따라 특별한 기능성을 갖고 있다. 블루베리를 '슈퍼푸드'라고 부르는 이유이다.

### 1. 블루베리의 기능성 물질은 안토시아닌이다

식물의 필수 대사기능을 수행하는 당, 아미노산, 지방산, 유기산, 엽록소 등을 1차 산물이라고 한다. 이에 비해 필수는 아니지만 식물이 스스로 방어하고 보호하기 위해 만드는 카페인, 사포닌, 탄닌, 리그닌, 안토시아닌 등을 2차 산물이라고 한다. 예를 들면 탄닌은 병원성 세균의 침입을 막아 주고, 떫은맛을 내어 동물의 섭취를 피할 수 있도록 해 준다. 이러한 2차 산물 가운데 사람이 섭취하면 건강에 이롭고 각종 질병을 예방하고 치료하는 데 도움을 주는 성분을 기능성 물질이라고 한다.

블루베리의 기능성 물질은 '안토시아닌'이라고 하는 색소 성분이다. 식물의 안토시아닌은 잎, 꽃, 과실 등에 분포하는 청색~적색의 색소 성분으로 곤충과 새를 유인하여 수분(꽃가루받이)과 종자 전파를 돕는다. 블루베리의 안토시아닌은 주로 성숙한 과실의 외과피, 단풍이 물든 잎에 분포한다. 안토시아닌은 화학적으로 안토시아니딘의 배당체라고 한다. 체내에서 생합성된 안토시아니딘은 화학적으로 불안정하기 때문에 포도당과 같은 당과 결합해 안정화된다. 이렇게 안토시아니딘에 당이 결합된 것이 안토시아닌이다.

## 2. 안토시아닌은 크게 6가지 유형(계)으로 구분된다

안토시아니딘은 기본구조의 $R_1$과 $R_2$의 위치에 수소(H), 수산기(-OH), 메톡실기(-OCH_3)가 각각 어떤 조합으로 부착되어 있느냐에 따라 색깔이 서로 다른 펠라고니딘, 시아니딘, 페오니딘, 델피니딘, 페튜니딘, 말비딘의 6가지 종류로 나뉜다(그림 1-1 참조). 그리고 각각의 안토시아니딘에서 3번 탄소에 어떠한 당이 결합되느냐에 따라 다시 안토시아닌의 종류가 결정된다. 예를 들면 안토시아니딘의 $R_1$과 $R_2$에 OH와 H가 부착되면 시아니딘이라는 안토시아니딘이 되며, 이 시아니딘의 3번 탄소에 글루코오스(포도당)라는 당이 결합되면 C-3-G(cyanidin-3-glucoside)라는 안토시아닌이 된다. C-3-G라는 배당체는 시아니딘계 또는 시아니딘 유형의 안토시아닌이라고 볼 수 있다. 식물에서 합성되는 주요 안토시아니딘은 6종이고, 그들의 배당체인 안토시아닌은 400여 종이 알려져 있으며, 이들 안토시아닌은 6종의 안토시아니딘에 근거하

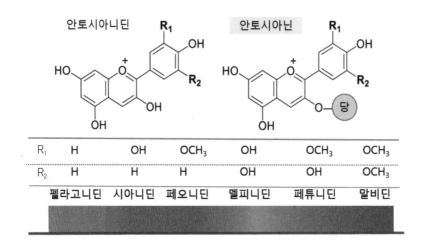

| $R_1$ | H | OH | OCH₃ | OH | OCH₃ | OCH₃ |
|---|---|---|---|---|---|---|
| $R_2$ | H | H | H | OH | OH | OCH₃ |
| | 펠라고니딘 | 시아니딘 | 페오니딘 | 델피니딘 | 페튜니딘 | 말비딘 |

**그림 1-1** 안토시아닌의 구조와 6가지 유형

안토시아니딘의 6가지 종류에 각각 어떤 당(글루코오스, 아라비노오스, 갈락토오스, 루티노오스)이 붙느냐에 따라 안토시아닌의 유형이 결정된다. 블루베리는 청색 계열의 안토시아닌을 많이 함유하고 있어 과색이 '청색(blue)'이고, 다른 과실과 비교해서 안토시아닌의 종류가 다르다는 것을 색으로 보여 주고 있다.

여 6가지 유형으로 구분된다. 안토시아니딘은 종류별로 청색에서 적색의 색깔을 나타내며 이에 따라 안토시아닌도 유형별로 색깔이 다르다. 블루베리는 청색 계열의 델피니딘, 페튜니딘, 말비딘 유형의 안토시아닌 함량이 많아 과실이 청색~청자색을 띤다.

## 3. 안토시아닌은 유형별로 기능성이 다르다

과실이나 채소에 함유된 안토시아닌은 다양한 기능성을 발휘하고 있다. 무엇보다도 유형별로 항산화 능력과 기능성이 다른데, 델피니딘계는 항산화능이 가장 높아 각종 암 유발 억제 효과가 뛰어나다. 말비딘계는 심장근육을 강화하여 심장병 발생을 억제하고 관상동맥을 이완시켜 협심증을 예방하는 것으로 알려져 있다. 또한 말비딘계는 폐에서 활성산소를 제거하여 폐암 유발을 방지하는 효과도 있다. 안토시아닌은 눈에 좋다고 알려져 있는데 유형별로 눈에 미치는 효과가 다르다. 델피니딘계는 안구의 수정체 두께를 조절해 주는 모양체 근육의 수축 이완 능력을 향상시켜 노안이나 근시를 교정해 주는 효과가 있는 반면에 시아니딘계는 안구의 망막을 구성하는 막대세포에 분포하면서 명암 감지와 시각 성립에 관여하는 감광색소단백질인 로돕신의 재합성을 촉진하여 밤눈 개선과 야맹증을 예방하는 효과가 있다. 대부분의 과실이 시아

**표 1-1** 델피니딘계, 말비딘계, 시아니딘계 안토시아닌의 기능성 비교

| 델피니딘계 | 말비딘계 | 시아니딘계 |
|---|---|---|
| 피부복구 염증개선 | 심장근육 강화 | 간기능 개선 |
| 시력 개선(근시교정) | 관상동맥 이완 | 밤눈 개선(야간시력) |
| 심혈관 개신 | 활성산소 제거 | 심혈관 개선 |
| 전립선암 전이 억제 | 폐암 유발 방지 | 폐암 전이 억제 |

서울대 정선우 박사가 한국블루베리협회 세미나에서 발표한 「블루베리와 안토시아닌」(2016), 「블루베리 과실에서 안토시아닌 연구동향」(2019)에서 발췌 정리하였다.

니딘계 한 가지만 함유하고 있는 데 비해 블루베리는 시아니딘계와 델피니딘계 안토시아닌을 모두 함유하고 있어, 시력 개선 효과가 특별히 더 크다고 볼 수 있다.

## 4. 블루베리는 다양한 유형의 안토시아닌을 함유하고 있다

각종 채소와 과실에 분포하는 안토시아닌을 안토시아니딘에 따라 묶고 유형(계)별 함량을 조사하였다. 그 결과 작물에 따라 안토시아닌의 유형별 함량이 다양하게 측정되었다. 이 조사에서 가장 크게 눈에 띄는 것은 블루베리의 안토시아닌 함량이다. 블루베리는 5가지 유형의 안토시아닌이 골고루 분포되어 있으며 그중에서도 델피니딘과 말비딘이 두드러지게 높다. 다른 작물과 비

**표 1-2** 주요 과수 및 채소의 안토시아닌 유형별 함량 비교(신선 과실 100g당 mg)

| 과실 종류 | 펠라고니딘 | 시아니딘 | 페오니딘 | 델피니딘 | 페튜니딘 | 말비딘 | 총함량 |
|---|---|---|---|---|---|---|---|
| 자두 | – | 19.0 | – | – | – | – | 19.0 |
| 복숭아 | – | 4.8 | – | – | – | – | 4.8 |
| 흑자색 포도 | – | 23.8 | 4.8 | 70.7 | 14.9 | 5.9 | 120.1 |
| 블루베리(재) | – | 28.6 | 34.2 | 120.7 | 71.9 | 131.3 | 386.7 |
| 블루베리(야) | – | 66.3 | 36.9 | 141.1 | 87.6 | 154.6 | 486.5 |
| 아로니아 | 2.3 | 1478.0 | – | – | – | – | 1480.3 |
| 블랙베리 | 0.7 | 244.0 | – | – | – | – | 248.0 |
| 엘더베리 | 1.8 | 1373.0 | – | – | – | – | 1375.0 |
| 라즈베리 | 16.7 | 669.0 | 1.1 | – | – | – | 687.0 |
| 딸기 | 19.8 | 1.2 | – | – | – | – | 21.2 |
| 가지 | – | – | – | 85.7 | – | – | 85.7 |
| 적양배추 | – | 322.0 | – | – | – | – | 322.0 |

Wu et al.(2005)의 논문에서 필요한 부분만 발췌하여 재정리함. 블루베리는 다양한 유형의 안토시아닌이 함유되어 있다. 특히 안토시아닌 중에서 청색 유형의 델피니딘계, 말비딘계 안토시아닌 함량이 두드러지게 높다. 블루베리에서 (재)는 재배종을, (야)는 야생종을 의미한다.

교해 봤을 때 블루베리처럼 유형별로 골고루 높은 함량을 보이는 작물은 없었다. 흑자색 포도가 고른 분포를 보이기는 하지만 함량이 미미하다. 그것도 주로 과피에 분포하여 섭취 과정에서 껍질을 대부분 버린다. 이에 비해 블루베리는 껍질째 먹을 수밖에 없는 과실이기 때문에 기능성 물질 섭취에도 매우 유리하다. 블루베리와 흑자색 포도를 제외하면 과실에 함유된 안토시아닌의 유형은 매우 단순하다. 대부분 한두 유형의 안토시아닌에 불과하다. 특히 아로니아(원명 블랙초크베리), 엘더베리, 라즈베리(복분자) 등은 과육 전체에 색소가 분포하기 때문에 단위무게당 안토시아닌 함량이 높지만, 이 과실들에 함유된 안토시아닌은 대부분 시아니딘계로 기능성이 단순하다.

## 5. 블루베리의 기능성은 다양하고 특별하다

모든 농산물은 나름의 기능성을 갖고 있다. 그 가운데에서 짙은 색깔이 있는 채소, 과수에 기능성 물질이 다양하고 풍부하다. 블루베리는 이름 그대로 과실의 색깔이 블루(blue)라는 점이 특이하다. 앞에서 기술했던 것처럼 안토시아닌의 종류가 다양하고 푸른색 계열의 안토시아닌이 과실에 많이 분포하기 때문이다. 안토시아닌의 종류가 다양하고 색깔이 특이한 것만큼이나 기능성도 다양하다. 실험연구 결과로 학술논문에 발표된 사례들을 중심으로 기능성을 정리해 보면 〈표 1-3〉에서 보는 것과 같다.

블루베리의 기능성이 다양한 것은 블루베리만 갖고 있는 안토시아닌 종류의 다양성과 연관 지어 설명할 수 있다. 블루베리의 기능성은 체험자가 많다는 것도 특이하다. 블루베리를 먹고 눈이 좋아졌다거나, 특별한 암을 극복했다거나, 심혈관 질환이 개선되었다는 등의 경험자가 주변에 많고, 이러한 경험담이 입소문으로 번져 블루베리를 찾고 지속적으로 소비하는 사람들이 많다.

| 표 1-3 | 블루베리의 다양한 기능성 요약 |
|---|---|
| 심혈관 개선 | 심근육 강화, 관상동맥 이완, 심장병과 협심증 예방 |
| 뇌건강 증진 | 기억력 증진, 노인성 치매 예방 |
| 당뇨병 예방 | 인슐린 분비(췌장) 및 수용력 개선, 혈당 감소, 당뇨병 예방 |
| 항암작용 | 암 유발 억제, 암 종양 성장 및 암세포 전이 억제 |
| 눈건강 개선 | 시력 개선, 밤눈 개선 |
| 뼈건강 강화 | 골다공증 예방 |
| 피부건강 증진 | 염증 개선, 재생 복구, 주름과 건선 개선 |
| 신체 노화억제 | 항산화작용 |

## 6. 블루베리는 현대인의 건강식품 '슈퍼푸드'이다

블루베리는 슈퍼푸드라고 불린다. 현대인이 반드시 먹어야 할 최상의 식품이라는 뜻이다. 슈퍼푸드라는 용어는 미국에서 처음 사용하였다. 2002년 미국 시사주간지《타임》은 현대인이 반드시 먹어야 할 필수 건강 기능성 식품으로 블루베리를 포함한 10대 건강식품(2002년 1월 21일, "10 foods that pack a wallop")을 선정 발표하였다. 그 후 스티븐 프랫(Steven Pratt) 등(2004)은《슈퍼푸드 RX(Super Food RX)》라는 책을 펴내면서 슈퍼푸드라는 말을 처음 사용했다. 그리고《뉴욕 타임즈》가 선정한 베스트셀러인 이 책에서 14가지 슈퍼푸드를 소개하고 있는데 여기에 블루베리가 포함되어 있다. 그리고 저자들은 인터넷 블로그에서 매년 그해의 슈퍼푸드를 선정하여 발표하는데 여기에도 빠짐없이 소개되고 있다. 블루베리는 맛과 함께 그 기능성으로 전문가들이 추천하는 현대인의 필수 건강 기능성 식품으로 자리매김한 지 오래이다.

## 안토시아닌, 다른 과실에도 들어 있는 것 아닌가?

블루베리가 건강에 좋다고 권하면 다들 물어본다. 왜 좋은데요? 안토시아닌이라는 기능성 물질 때문이라고 답한다. 그러면 되묻는다. 그것은 다른 과실에도 다 들어 있는 것 아닌가요? 그렇긴 한데 그럼 인삼의 예를 한 번 들어보자. 인삼의 기능성 성분은 사포닌이다. 이 사포닌은 인삼뿐만 아니라 더덕, 도라지, 콩 등 다양한 식물에 들어 있다. 그런데 인삼에 분포하는 사포닌은 도라지에 분포하는 사포닌과 종류가 다르다. 그래서 인삼은 특별한 기능성, 즉 약효가 있다. 블루베리도 마찬가지이다.

블루베리에 분포하는 안토시아닌은 종류가 다르다. 블루베리에는 종류가 다른 다양한 안토시아닌이 들어 있다. 그래서 블루베리의 기능성은 다양하고 뛰어나고 또 특별하다. 인삼의 기능성이 모양과 성분이 비슷한 더덕, 도라지 등과 다른 것처럼 블루베리의 기능성 역시 이름, 모양, 색깔, 성분이 비슷한 초크베리(아로니아), 라즈베리(복분자), 스트로베리(딸기), 멀베리(오디) 등과는 다르다. 안토시아닌이라고 다 같은 안토시아닌이 아니다.

**블루베리와 초크베리(아로니아)**
블루베리는 진달래과 식물이고 식용이 가능하다. 초크베리(chokeberry)는 장미과 식물이고 떫어서 식용이 불편하다. 초크베리에는 블랙과 레드가 있는데 주로 블랙초크베리가 많이 재배되고 있으며, 국내에서는 학명(속명)에서 따온 아로니아(aronia)로 많이 불리고 있다.

## 1.3. 재배와 소비는 늘고 전망은 밝다

국내 블루베리는 재배 역사가 짧은데도 불구하고 생산과 소비가 급격히 증가하였다. 농가별 재배규모는 영세하지만 재배방식의 다양화와 강소농(强小農)의 이점을 살려 가격경쟁력을 유지하고 있으며, 소비시장의 확대와 높은 소득은 앞으로도 계속 유지될 것으로 전망된다.

## 1. 재배 역사가 짧은 과수이다

미국은 야생 블루베리를 선발하고 개량하여 재배화하는 데 앞장섰다. 1912년 뉴저지의 한 농부 화이트 여사와 농무성의 코빌 박사는 자신들이 개발한 블루베리를 처음으로 재식하였다. 그리고 4년 후 1916년 첫 수확하여 시장에 판매하였다. 이렇게 시작된 블루베리가 그 후 선풍적인 인기를 끌면서 재배와 소비가 크게 증가하여 오늘에 이르렀다. 2016년 미국에서는 그날의 의미

그림 1-2 재배 실증 시험포와 한국블루베리협회 창립

국내에서도 블루베리 재배가 실제로 가능한지를 알아보기 위한 실증시험이 이루어졌고, 2006년 3월 29일에 수원에 있던 원예연구소에서 한국블루베리협회 창립총회가 열렸다.

\* 사진 출처 : 이병일(서울대 교수, 협회초대 회장)

있는 첫 수확을 기념하여 블루베리 100년 축제를 개최하기도 하였다. 지금도 미국은 인접한 캐나다와 함께 재배와 소비 1, 2위 국가로 세계 블루베리 산업을 주도하고 있다.

블루베리가 우리나라에 소개된 것은 1960년대 이후이다. 그동안 개별적으로 여기저기서 또는 연구기관(원예시험장)에서 블루베리를 도입하여 재배도 해보고, 연구와 국내 보급을 꾀했지만 재배기술에 대한 정보 부족과 관심 소홀로 국내 정착에 모두 실패하였다. 그러다 서울대학교 농과대학 이병일 교수가 1996년 지바농업대학의 다마다 다카도[玉田孝人] 교수로부터 블루베리 묘목을 선물받아 국내로 반입, 대학 구내에 심고, 묘목을 양성하여 주변에 조금씩 보급하며 알리기 시작하였다. 2000년도에는 충북 청원의 한 농가에 분양하여 국내에서 처음으로 상업적 재배를 시도해 보기도 하였다. 그리고 2002년에는 국내의 몇몇 과수학 교수들과 함께 정부지원사업으로 전국 10개 시도에 시범농장을 선정하여 재배 실증 시험포를 조성하여 농민들의 관심과 견학을 권장하였다. 그 후 재배 농가가 조금씩 증가하는 가운데 2004년에는 블루베리코리아(대표 함승종)와 같은 대규모(2만 평) 기업농까지 등장하여 블루베리 상업 농시대가 열리고, 2006년에는 국내산 블루베리가 본격적으로 시장에 출하되기 시작하였다. 같은 해에 생산자 단체인 사단법인 한국블루베리협회가 창립되어 기술교육 세미나와 뉴스레터 간행 사업 등을 통하여 우리나라 블루베리 산업 발전을 주도적으로 이끌어 왔다. 협회는 그 뒤 해체되어 2018년 한국블루베리연합회로 발전하였다.

문익점 선생은 경남 산청 출신으로 고려 말 공민왕 때 원나라에 갔다가 돌아오는 길에 목화씨를 붓뚜껑에 넣어 갖고 왔다고 전해지고 있다. 그러나 그가 목화씨를 처음 들여온 것은 아니라고 한다. 그 이전 삼국시대에도 목화를 이용한 기록과 흔적이 있다고 한다. 그래도 문익점 선생을 높이 평가하고 그의 업적을 칭송하고 있다. 그것은 그가 목화를 처음 들여왔다는 사실 때문이 아니라 목화 재배에 성공하여 주변에 널리 권장하고 퍼트린 업적 때문이다. 뿐만 아니라 실을 뽑고 베를 짜는 기술을 널리 보급했다는 점을 높이 평가하고 있는 것이다. 결국은 목화 재배와 기술개발을 통하여 당시 백성들을 널리 이롭게 했다 하여 그의 업적을 기리고 있다.

이병일 교수는 경기 화성 출신으로 서울대학교 원예학과에 재직 중 일본에 갔다가 돌아오는 길에 한 지인으로부터 선물받은 블루베리 묘목 몇 주를 가지고 왔다. 목화가 그랬던 것처럼 블루베리 국내 반입이 처음은 아니었지만 그는 국내 최초로 재배에 성공했고, 묘목을 생산하여 주변에 퍼트리면서 블루베리를 알리고 전파하는 데 앞장섰다. 특히 재배 실증시험으로 국내 재배의 가능성을 입증하고 농가 보급에 힘쓰는 한편 한국블루베리협회를 만들어 한국에서 블루베리가 주요 과수로 정착하고 발전하는 데 큰 역할을 했다. 결국 그는 이 땅에 새로운 과수를 소개, 보급, 정착시켜 농가소득과 국민 건강증진에 크게 기여했다는 점에서 업적을 기릴 만하다.

## 2. 재배면적이 계속 증가하고 있다

세계적으로 주요 생산국은 북미(캐나다와 미국)며 남미(칠레), 유럽, 호주, 뉴질랜드 등에서도 재배면적이 꾸준히 증가하고 있다. 이 가운데 캐나다와 미국은 세계 1, 2위의 생산국이자 소비국으로 상당량의 냉동과를 한국에 수출하고 있다. 칠레는 남반구에 위치하고 있어 주로 겨울에 생과를 한국에 수출하고 있다. 중국은 재배 역사가 짧아 아직까지는 생산과 소비가 미미하지만 앞으로 급속하게 증가할 것으로 전망된다. 일본은 우리보다 일찍 블루베리 재배를 시작했지만 면적이 크지 않으며 소규모 관광 체험농이 주축을 이루고 있다.

우리나라는 재배 역사가 짧은데도 불구하고 놀라운 성장세를 보였다. 재배면적과 생산량이 크게 늘어 한때 농촌진흥청에서 조사한 통계에 따르면 재배면적이 2006년 24ha에서 2015년 2,304ha로 늘어 10년 사이에 무려 100배 이상 증가하였다. 2016년 정부는 FTA(자유무역협정) 피해보전을 위한 정책을 시행하면서 폐농을 권장하고 폐농하는 농가에 지원금을 지급하기도 했다(2016년 한 해만 시행하고 바로 중단). 초창기 품종 선택에 실패한 농가들이 대거 폐농에 참여해 그 한 해 일시적으로 면적이 줄었지만 그 뒤로 다시 증가하여 2020년 기준(농림사업정보시스템, 농업경영체등록정보) 재배면적은 3,446ha, 재배 농가는 20,802호에 이르렀고, 전체 과수 가운데 생산액 7위의 주요 과수로 성장하였다.

## 3. 재배규모가 영세하고 생산성이 낮다

캐나다, 미국 등 블루베리 생산대국의 재배규모는 농가당 수십만 평에 달하는 경우가 많다. 이에 비하여 우리나라는 평균 재배규모가 농업경영체 등록정보에 따르면 500평 정도에 불과하다. 이 정보에는 비전업농이 상당수 포함되어 있어 전업농으로 제한하면 규모가 늘어나기는 하지만 아무리 크게 잡아도 1천 평 내외로 영세하다. 이러한 영세규모의 농사는 집약관리가 가능하고 독특한 경영방식을 도입할 수 있기 때문에 나름의 장점이 있으며, 한국적 블루베리 농사에 적절한 재배기술과 경영기술을 요구하기도 한다. 한편 전문가 그룹에서 추정한 연간 생산량 2만 톤을 재배면적으로 나누어 보면 평당 생산량이 1.9kg, 이를 근거로 주당 생산량을 추정해 보면 평균 2kg 이내이다. 참고

문헌이나 성공 농가의 경험에 따르면 하이부시종 기준으로 주당 **5kg** 이상을 수확해야 하는데, 이에 비하면 생산성이 턱없이 낮은 수준이다.

## 4. 재배형태와 재배양식이 다양하다

우리나라 블루베리 재배는 크게 노지재배와 시설재배로 나눌 수 있다. 대부분 노지재배이지만 시설재배도 나름의 장점이 있기 때문에 점차 증가하고 있다. 시설재배는 다시 비가림재배, 무난방 하우스, 난방 하우스로 구분된다. 블루베리는 키가 작은 관목 과수여서 시설재배로 도입하기가 쉽다. 저온요구도만 충족되면 적절한 시기에 비닐하우스를 피복하여 난방 또는 보온을 해 주면 수확시기를 앞당길 수 있다. 고품질 과실 생산과 높은 가격을 받을 수 있기 때문에 시설재배가 점차 늘고 있다. 그리고 친환경재배 방식으로 유기농재배와 무농약재배가 있는데, 블루베리는 농약을 사용하지 않는 농가가 많아 친환경재배가 쉬운 편이고, 인증 농가도 증가하고 있다. 블루베리는 생과를 껍질째 먹기 때문에 대부분 무농약재배를 한다. 그리고 물 빠짐이 좋지 않은 밭이나 건물 옥상 등에서는 용기재배나 베드재배를 하고 있는데, 용기재배는 화분, 플라스틱 상자, 백(가방) 등 흙을 담을 수 있는 모든 것을 이용할 수 있다. 그렇지만 용기재배는 토양 완충력이 약하고, 물관리가 어렵고 동해 피해가 크기 때문에 피하는 경향이 있다.

## 5. 블루베리 소비시장이 계속 늘고 있다

국내외적으로 블루베리의 재배면적과 생산량은 계속 증가하고 있다. 더불어 소비시장도 함께 늘어가고 있다. 블루베리는 세계적으로 고급 과실로 알려져 있으며 단위무게당 가격이 가장 비싼 과실이다. 따라서 블루베리의 소비층은 경제적으로 여유가 있는 계층으로 국민소득이 어느 정도 이상 되어야 소비의 대중화가 이루어진다. 국민소득이 증가하면 과실 소비의 패턴이 사과, 배와 같은 대과류에서 블루베리, 체리 등과 같은 소과류로 바뀐다. 특히 젊은 소비층은 껍질을 깎아먹는 대과류를 피하는 경향이 뚜렷하다. 우리나라는 아직 블루베리 소비가 대중화되어 있지 못하고, 소비층이 제한되어 있어 앞으로 소비가 크게 늘어날 것으로 보인다. 즉, 블루베리 소비의 대중화가 일어나면 소비량이 급증할 것으로 예상된다.

## 6. 블루베리 가격은 변함없이 높다

생산자 입장에서 가장 걱정되는 부분은 과실의 가격 문제이다. 국내 재배면적과 생산량은 늘어나고 칠레 등지에서 생과 수입이 증가하면서 가격하락을 걱정하는 농가가 많다. 하지만 생각했던 것처럼 가격이 떨어지지 않고 있다. 무엇보다도 직거래가격은 10년 이상 높은 가격을 유지하고 있다. 대형마트에서의 가격도 여전하고, 청과시장(공판장, 경매시장)의 경우도 노지재배의 홍수 출하, 고온기 품질저하 등에 따른 일시적인 가격의 하락 현상을 보이지만 평균 가격은 꾸준히 유지되고 있다. 특히 고품질 블루베리의 가격은 유통형태에 관계없이 항상 높다. 노지재배보다 앞당겨 출하되는 시설 블루베리도 해마다 높은 가격을 유지하고 있으며, 늦여름에 수확되는 래빗아이와 같은 만생종 블루베리의 가격도 꾸준하다. 또한 수입 외국산 블루베리와의 가격경쟁에서도 국산 블루베리가 훨씬 앞서고 있다.

## 7. 고품질 과실은 없어서 못 판다

재배면적과 생산량이 증가하고 외국산 생과 수입이 늘어나면, 더불어 소비시장도 커질 것이다. 블루베리는 재배가 까다롭고, 획기적 생산성의 증가를 기대하기 어렵다. 여기에 국내외적으로 생과의 수확은 손으로 할 수밖에 없기 때문에 급격한 가격하락은 없을 것이다. 생산성과 품질만 확보된다면 가격경쟁력에서 국내산이 얼마든지 경쟁 우위를 점할 수 있다. 그리고 블루베리는 친환경 유기농업이 다른 작물에 비해 쉬운 편이다. 무농약 또는 유기농으로 소비자 신뢰를 확보하고 고품질 과실을 생산할 수 있다면 높은 가격을 계속 유지할 수 있을 것이다. 소비자 중에는 명품 농산물을 고집하는 계층이 있기 때문에 친환경 고품질 과실의 판로는 전혀 걱정하지 않아도 된다.

## 세계 1등 한국 블루베리(WORLD No'1 KOREA BLUEBERRY)

강소농(强小農)은 작지만 강한 농업을 의미한다. 우리나라는 경지면적이 작아 대부분 소농이다. 블루베리도 규모가 호당 평균 500평 정도이다. 그런데 이런 영세한 농사가 나름대로 강점이 많다. 우선 규모가 작기 때문에 집약재배가 가능하다. 블루베리는 작은 과실을 손으로 하나하나 수확해야 한다. 그리고 완숙과를 섬세하게 골라 따야 한다. 지루하고 어려운 작업이지만 규모가 작기 때문에 가능하다. 병해충 방제에서도 소농이 유리하다. 소농의 이점을 살려 집중적으로 관리하면 농약을 치지 않고 방충망이나 해충포획 트랩 정도만으로도 방제가 가능하다. 당연히 친환경재배도 쉽다. 규모가 크면 수익이 많아 좋기는 하지만 그에 따른 부담도 만만찮다. 수확이 쉽지 않고, 직거래 위주의 농가는 판매에 어려움도 있다. 어느 농가의 이야기이다. 재배규모를 두 배로 늘렸더니 소득은 조금밖에 안 늘고 힘은 두 배 이상 들었다고 했다. 욕심은 사람을 지치게 하고 경영 부담만 가중시킨다는 것이다. 자신의 형편과 여건에 맞게 농사의 규모를 맞춰야 한다. 스스로 감당할 수 있는 규모의 블루베리 농사로 작지만 강한 농사, 그런 농사로 행복한 농부가 되어야 한다. 한국블루베리협회는 'WORLD No'1 KOREA BLUEBERRY' '세계 1등 한국 블루베리'라는 슬로건을 내걸었다. 덧붙여 '한국 블루베리가 가장 맛있고 신선합니다'라고도 했다.

국산 블루베리가 품질과 위생 면에서 수입 블루베리와는 비교가 안 될 정도로 우수하다. 강소농으로 가능한 국산 블루베리의 힘이고 자부심이다.

**국산의 힘, 미국산과 칠레산 블루베리**

국내시장에서 국산이 가격, 품질, 안전성에서 힘을 발휘하고 있다. 미국산은 여름에 들어와 국산 생과와 경쟁하고, 칠레산은 겨울에 수입되고 있다.

# 2장

# 블루베리 나무의
# 특성 먼저 알아두자

'알아야 잘 보이고 보여야 잘 키운다'

나무의 구조, 형태를 제대로 보고 생태 특성을 정확히 알아야 한다.

나무의 특성을 이해하면 보는 눈이 달라진다.

수준 높은 눈으로 항상 나무와 주변을 세심하게 살펴야 한다.

특히 눈에 보이지 않는 뿌리와 그 주변 환경,

토양환경에 대한 깊은 이해가 필요하다.

## 2.1. 식물학적 분류와 5가지 재배종

블루베리는 진달래과 정금나무속(산앵두나무속) 식물이다. 정금나무속의 450여 종 식물 가운데 블루베리로 불리는 것은 9종, 그중에서 재배되는 것은 5종이며, 상업적으로 널리 재배되는 블루베리는 북부하이부시, 남부하이부시, 래빗아이의 3종이다.

### 1. 블루베리는 진달래과 정금나무속 식물이다

블루베리는 진달래과(Ericaceae, heath family) 정금나무속(*Vaccinium*) 식물이다. 정금나무속 대신에 산앵두나무속이라고도 하는데, 우리나라에는 정금나무가 산앵두나무보다 광범위하게 분포하고 열매도 블루베리를 닮아 더 친숙하다. 정금나무속 식물은 세계적으로 약 450종이 알려져 있다. 이들은 2개의 아속(subgenus)으로 나뉘고, 아속은 다시 여러 절로 나뉘어 분류되기도 하는데 실용적으로 큰 의미가 없어 소개하지 않는다.

정금나무속 가운데 재배하거나 과실을 채취하여 이용하는 종에는 크랜베리, 링곤베리, 블루베리류가 있다. 블루베리류에는 9개의 종이 있으며, 종별로 배수성이 달라 2배체(2n=2x=14)에서 4배체(2n=4x=28), 6배체(2n=6x=42)까지 있다. 하이부시는 2배체와 4배체, 래빗아이는 6배체이고, 야생 블루베리로 취급되는 로우부시는 2배체와 4배체, 빌베리는 2배체, 들쭉나무는 2배체, 4배체, 6배체 식물이다. 배수성이 다른 종간에는 교잡이 어렵고 특히 하이부시와 래빗아이는 서로 교잡이 이루어지지 않는다(표 2-1 참조).

| 표 2-1 | 진달래과 정금나무속 가운데 블루베리로 불리는 9개 종과 그들의 배수성 | | |
|---|---|---|---|

| 학명 | 배수성 | 보통명 | |
|---|---|---|---|
| *V. angustifolium* Ait. | 4x | 로우부시블루베리(lowbush blueberry) | |
| *V. myrtilloides* Michx. | 2x | 로우부시블루베리(lowbush blueberry) | |
| *V. corymbosum* L. | 2x | 하이부시블루베리(highbush blueberry) | |
| *V. australe* Small | 4x | 하이부시블루베리(highbush blueberry) | |
| *V. darrowii* Camp | 2x | 하이부시블루베리(highbush blueberry) | |
| *V. virgatum* Ait. | 6x | 래빗아이블루베리(rabbiteye blueberry) | |
| *V. ashei* Reade | 6x | 래빗아이블루베리(rabbiteye blueberry) | |
| *V. myrtillus* L. | 2x | 빌베리(bilberry) | |
| *V. uliginosum* L. | 2x, 4x, 6x | 들쭉나무(bog blueberry) | |

Hancock et al(2008)에서 발췌 인용함. 블루베리종 가운데 북미의 로우부시, 북유럽의 빌베리, 백두산의 들쭉나무(보그블루베리)는 야생종을 그대로 재배하거나 야생의 열매를 채취하여 상업적으로 이용하는 것이다. 세계적으로 널리 재배되고 있는 블루베리는 대부분 미국에 자생하는 하이부시종과 래빗아이종에서 선발하거나 교배하여 육성한 것들이다.

## 2. 한국에도 자생하는 야생 블루베리가 있다

한국에 자생하는 정금나무속 식물로는 정금나무, 산앵두나무, 산매자나

그림 2-1 백두산 들쭉나무, 들쭉술과 말린 들쭉과실

백두산 기슭에 자생하는 들쭉나무를 캐 옮겨 재배하거나 야생의 과실을 채취하여 들쭉술을 담그기도 하고 말려서 팔기도 한다. 중국에서는 들쭉을 그냥 블루베리(藍莓, 남매)라고 부르며 판매하고 있다.

* 사진 출처(들쭉나무) : 강재성(거창고)

무, 모새나무, 지포나무, 애기월귤, 넌출월귤(크랜베리), 월귤나무(링곤베리), 들쭉나무(블루베리) 등 13종이 있다. 모두가 블루베리와 같은 관목식물로 꽃은 꽃잎이 다섯 장 붙어 있는 통꽃(합판화)이다. 이 가운데 북한의 함경도와 백두산 일원에 자생하는 넌출월귤과 애기월귤은 상록관목이고, 나머지는 모두 낙엽관목으로 전국에 분포한다. 산앵두나무는 학명(*Vaccinium koreanum*)과 영명(Korean blueberry)에서 보는 것처럼 우리나라 고유의 식물이다. 그리고 한라산, 설악산, 백두산에 자생하는 들쭉나무(bog blueberry)는 세계적으로 널리 알려진 야생 블루베리 가운데 하나이다. 특히 북한에서는 백두산의 들쭉나무를 천연기념물로 지정하여 관리하고 있으며, 그 과실을 생과나 건과로 이용하고, 술을 담가 먹는데, 그 술을 들쭉술(blueberry wine)이라고 부른다.

## 우리는 한 가족, 진달래, 철쭉 그리고 블루베리

진달래, 철쭉 그리고 블루베리는 한 가족이다. 같은 과(family)에 속하기 때문에 서로 닮은 점이 많다. 꽃은 언뜻 보면 전혀 달라 보이지만 공통점이 있다. 먼저 꽃잎이 서로 붙어 있는 통꽃(합판화)이다. 진달래와 철쭉은 다섯 장의 꽃잎이 하단부가 서로 붙어 있고 블루베리는 상단부까지 전체가 붙어 있다. 꽃잎이 서로 붙어 있어 낙화할 때 갈래꽃(이판화)인 벚꽃처럼 꽃잎이 바람에 날리지 않고 무겁게 툭툭 떨어진다. 진달래는 꽃이 피고 그 뒤에 잎이 나온다. 철쭉과 블루베리는 꽃과 잎이 동시에 피어 나온다. 그리고 이들은 공통적으로 수술이 10개이고(원예종 영산홍은 5개), 심심찮게 제철도 아닌 가을에 한두 개 꽃이 피는 것도 서로 닮았다.

이들의 뿌리는 지표 가까이 얕게 분포하며 섬유근에 근모가 없고 지온이 낮아야 생상과 양수분 흡수가 활발해진다. 무엇보다도 강한 산성 토양에서 잘 자란다. 토양 pH가 높으면 잎이 누렇게 변하는 철분결핍증이 자주 나타나는 것도 공통점이다. 우리나라 산지는 대부분 산성 토양이기 때문에 진달래, 철쭉, 산철쭉이 널리 분포한다. 특히 철쭉은 흰색 바탕에 붉은색이 은은하게 감도는 소박한 연분홍이 우리 민족의 정서에 잘 어울린다. 이렇듯 관상 가치가 크지만 아쉽게도 조경용으로 이용하지 못하고 있다. 키가 크고 재배가 까다롭기 때문이다.

일부 학자들이 우리나라에 자생 철쭉의 재배화를 위해 노력하고 있지만 쉽지 않은 듯하다. 우리가 생활 주변에서 흔하게 접하는 조경용 철쭉(산철쭉, 영산홍백)은 대부분 조경 원예용으로 특별히 선발하거나 교배 육성한 키가 작은 왜철쭉이다. 진달래과를 'heath family'라고 하는데, 영어 'heath'는 사전적으로 황야, 황무지를 뜻한다. 진달래과 식물은 주로 황무지, 즉 척박한 산성 토양에서 주로 자생한다는 뜻에서 그런 이름을 얻은 듯하다. 우리나라 산들은 황무지나 다름없다. 대부분이 경사가 심하고 강한 산성에다 무기양분이 많지 않은 척박한 땅이다. 그래도 진달래와 철쭉은 잘 자란다. 아니 그래서 잘 자란다. 물 한 방울, 비료 한 줌 주지 않아도 스스로 알아서 잘만 크고 있다. 진달래과 식물의 특징이다. 그런 산에다 블루베리를 심으면 어떻게 될까. 같은 진달래과 식물이기 때문에 아마도 잘 자랄 것이다(부록 5 블루베리 '게으름의 농사' 체험수기 참조).

**진달래꽃, 철쭉꽃, 산철쭉꽃, 블루베리꽃**
진달래과의 학명은 Ericaceae, 보통명은 heath family이다. 명칭 heath(황야)에서 보듯 진달래과 식물은 주로 산성의 척박한 토양에서 자생하며, 실제로 무기양분이 별로 없는 산성 토양에서 잘 자란다.

## 3. 재배되는 블루베리는 5가지 종으로 나뉜다

현재 상업적으로 재배되고 있는 블루베리 품종은 주로 북미 지역에서 자생하는 야생종(표 2-1 참조) 또는 그들로부터 선발, 개량, 교잡하여 만든 것이다. 그래서 품종의 육종 소재로 사용된 야생종과 그들의 생태적 특성에 근거하여 블루베리를 〈표 2-2〉에서 보는 것처럼 5가지 종으로 나뉜다. 이 5종 가운데 북부하이부시, 남부하이부시 그리고 래빗아이의 세 가지가 국내는 물론 세계 적으로도 가장 많이 재배되고 있으며 품종도 많이 육성되어 있다.

### 1) 로우부시블루베리(lowbush blueberry)

북미의 동북부 지역에 자생하는 야생 블루베리로 *V. angustifolium*(low sweet)와 *V. myrtilloides* 'sour top or velvet leaf'의 2종이 있다. 이들을 재료로 하여 육성된 품종이 몇 가지 있지만 상업적 재배에서는 별로 주목받지 못하고 있다. 내한성이 매우 강하고 키가 15~40cm 정도로 작다고 하여 로우부시라고 부른다. 자생지에서는 뿌리줄기(근경)가 주변 토양으로 계속 뻗어 나가면서 두꺼운 매트(잔디의 떼)를 형성하여 크고 작은 군락을 이룬다. 로우부시는 전통적인 방식으로 재배하면 번식력과 생산성이 크게 떨어지므로 자생하는 야생 블루베리에 약간의 손을 대 재배한다. 전정은 한 번에 다 베어 버리거나 불로 태우는 방법으로 하는데, 이 경우는 그다음 해에는 수확을 할 수 없다. 레

**표 2-2** 재배 블루베리의 5가지 종별 특성 비교

| 재배종 | 나무의 키 | 과실 크기 | 내한성 | 토양 적응폭 | 비고 |
|---|---|---|---|---|---|
| 로우부시 | 15~40cm | 소립 | 강 | – | 야생종, 가공용 |
| 북부하이부시 | 1.5~2.0m | 대립 | 강 | 좁음 | 재배종, 조중생종 |
| 하프하이부시 | 1.0~1.5m | 중소립 | 극강 | 좁음 | 위와 같음 |
| 남부하이부시 | 1.0~1.5m | 중소립 | 약 | 다소 넓음 | 위와 같음 |
| 래빗아이 | 1.5~3.0m | 중대립 | 약 | 넓음 | 재배종, 만생종 |

이크를 이용하여 손으로 수확하거나 자동 수확기를 부착한 트랙터로 수확한다. 수확한 과실은 생과로 시장에 출하되지만 대부분 선별과정을 거친 후 바로 동결시켜 가공용으로 국내외 시장에 출하된다. 과실은 작지만 안토시아닌 함량이 많아 소비자들이 선호하는 경향이 있다.

## 2) 하이부시블루베리(highbush blueberry)

로우부시에 비해 키가 커 하이부시라고 부른다. 해발이 높고 유기물이 많으며 배수가 잘 되는 사질 토양에서 생육이 좋고, 키가 3.0m까지도 자란다. 자가 화합성을 가져 자가수정도 하지만 재배종의 경우 품종 간에 타가수정을 하면 과실이 크고 익는 시기가 빨라진다. 하이부시계 품종은 북부하이부시, 남부하이부시, 하프(half)하이부시의 3종류로 나뉜다. 상대적으로 날씨가 추운 북쪽에서 재배되는 것을 북부하이부시, 보다 따뜻한 곳에서 재배되는 것을 남부하이부시, 로우부시 유전자를 도입하여 내한성을 강화한, 키가 상대적으로 작은 것을 하프하이부시라고 부른다.

### 가. 북부하이부시블루베리(northern highbush blueberry)

북미 동부 지방의 북쪽에서 남쪽까지 널리 분포하는 *V. corymbosum*과 *V. australe*의 두 야생종으로부터 선발 육성된 품종군을 북부하이부시블루베리라고 부른다. 낙엽관목으로 키가 1.5~2.0m(2m 이상으로 자라는 것도 있음)로 자라고 자가수정하지만 타가수정하면 과실이 커진다. 미국뿐 아니라 전 세계에서 재배되는 블루베리는 대부분 북부하이부시 계통의 품종이다. 낙엽성 온대과수로 여름에 기온이 크게 높지 않고 겨울에 적당히 추운 지역에서 재배하기 쉽다. 휴면타파에 필요한 저온요구도는 800시간 이상으로 길고 내한성이 강해 우리나라 전역에서 재배가 가능하다.

### 나. 남부하이부시블루베리(southern highbush blueberry)

미국 동남부 지역에 자생하는 야생종인 *V. darrowii*는 상록관목으로 과실은 작지만 먹을 수 있으며 관상 조경용으로 이용하기도 한다. 상업적으로 재배되는 남부하이부시블루베리는 저온요구도가 낮은 상록의 야생종 *V. darrowii*에 주로 *V. corymbosum*을 교잡하여 만든 품종이다. 북부하이부시를 재배하기에는 온도가 높은 지역에서 재배하기 위해 만든 품종으로 키는 1.0~1.5m 정도이고 대체로 낙엽성이지만 지역에 따라 또는 하우스 시설에서는 상록으로 자라는 품종도 있다. 내한성이 약하며 저온요구도가 낮고 반면에 내서성이 강해 더운 여름의 높은 기온에 잘 견디며 가뭄에도 강한 특성이 있다. 그리고 이러한 조건에서는 과실의 품질도 뛰어나다. 저온요구도가 100~600시간이며 내한성이 약해 우리나라에서는 주로 남부 지방에서 재배하고 있다.

### 다. 하프하이부시블루베리(half highbush blueberry)

하프하이부시블루베리는 키가 작고 내한성이 강한 로우부시 *V. angustifolium*과 키가 크고 품질이 우수한 *V. corymbosum*을 교배하여 육성한 품종군을 말하며, 반수고 블루베리라고도 한다. 저온요구도는 800시간 이상으로 특히 내한성이 강해 북부 추운 지방에서도 재배가 가능하고 키가 1.0~1.5m 전후로 전정이나 수확 등 관리에 편리하다. 나무의 크기와 수폭이 작기 때문에 과실이 작고 수확량도 많지 않다. 따라서 단위면적당 수량을 늘리려면 밀식재배를 하는 것이 좋다.

### 3) 래빗아이블루베리(rabbiteye blueberry)

미국 동남부의 강변이나 산림의 가장자리에 자생하는 야생종인 *V. virgatum*과 *V. ashei*(두 종은 같은 종이라는 견해도 있음)에서 선발하거나 교잡하

**그림 2-2** 로우부시블루베리, 하이부시블루베리, 래빗아이블루베리

왼쪽부터 로우부시는 키가 낮은 관목, 하이부시는 키가 큰 관목, 래빗아이는 성숙 전 열매가 흰토끼의 빨간 눈을 닮은 블루베리라는 의미에서 이름이 붙여졌다.

여 육성한 것들이다. 야생종의 열매는 작지만 식용으로 이용되고 단풍이 아름다워 정원에 심어 관상용으로 쓰이기도 한다. 래빗아이(토끼눈)는 성숙 전 분홍빛 열매가 흰토끼의 빨간 눈을 닮았다고 해서 부쳐진 이름이다. 낙엽 관목으로 키가 1.5~3.0m까지 크게 자란다. 하이부시에 비하여 고온과 건조에 훨씬 강한 특성이 있다. 래빗아이블루베리는 자가 불화합성이 강해 타가수정하는 특성이 있으며 타가수분을 유도하기 위해 화합성을 고려한 한두 가지의 수분수(수분용 품종)를 재식해야 한다. 토양 적응폭이 넓은 편이며 저온요구도는 400~800시간으로 낮고 내한성이 약해 우리나라에서는 겨울이 따뜻한 남부 해안이나 제주 지역에서 재배하는 것이 좋다.

# 나무의 구조, 형태 그리고 생장 특성

> 관목성 낙엽과수로 수형은 직립성과 개장성으로 나뉜다. 나무의 기관은 지상부 가지와 지하부 뿌리로 구분하고, 가지에는 잎과 꽃이 달리고 열매(종자)가 맺힌다. 모든 기관이 서로 협력하여 조화롭게 생장해야 나무가 건실하고 크고 맛있는 과실을 생산할 수 있다.

## 1. 나무의 수형과 구조의 개관

블루베리는 키가 작은 관목성 낙엽과수이다. 관목(bush)이지만 반교목이라고도 하는데, 품종에 따라서는 한두 개의 중심 줄기를 형성하여 교목처럼 보이기도 하기 때문이다. 그리고 키가 작다는 것에 초점을 맞추어 저목성 또는 저수고 과수라고 부르기도 한다. 낙엽과수로 분류되지만 품종과 재배조건에 따라 상록성인 경우도 있다.

블루베리는 중심 가지들이 위로 똑바로 서는 직립성 그리고 옆으로 누워 퍼지는 개장성으로 나뉜다. 물론 중간성도 있는데 반직립 또는 반개장으로 표현하기도 한다. 개장성이나 반개장성 품종은 재식거리를 다소 넓게 해 주는 것이 좋다. 그리고 전정할 때는 품종별 수형을 감안하여 고유의 수형을 유지하는 방향으로 가지치기를 한다.

> 직립성 : 듀크, 한나초이스 등 대부분의 주요 품종
> 개장성 : 챈들러, 카라조이스, 코빌, 레벨, 볼드인, 우다드
> 중간성 : 엘리자베스, 원더풀, 대로우, 노스랜드, 파딩, 미스티, 오닐, 스타,
>          수지블루, 파우더블루

**그림 2-3** 블루베리 나무의 수형

직립성은 중심 가지가 위로 서고 개장성은 옆으로 퍼진다. 사진의 직립성(왼쪽)은 한나초이스(Hannah's choice)이고, 개장성은 카라초이스(Cara's choice)이다.

지하부와 지상부의 경계 부위를 뿌리목(크라운)이라고 한다. 뿌리목은 식물의 발생·형태학적 측면에서 가지와 뿌리의 중간적 성질을 띠면서 위로는 가지가 아래로는 뿌리가 발생한다. 또한 뿌리목에서는 뿌리줄기(근경)가 발생하고, 그 마디에서 새 가지가 발생하여 지상부로 출현하는데 이를 흡지라고 부른다.

지상부의 가지에는 잎눈과 꽃눈이 형성되고 이들은 발달하여 잎, 꽃, 과실이 된다. 가지는 크게 새 가지와 묵은 가지로 나뉜다. 새 가지는 신초가 자라 성숙한 1년생 가지이고, 묵은 가지는 2년 이상 생장한 가지이며, 중심축이 되는 굵은 가지를 주축지(cane)라고 한다.

지하부의 뿌리는 천근성으로 지표 가까이 얕게 분포하며, 주축지와 연결된 다소 굵은 원뿌리를 주축근(중심근)이라고 한다. 쌍자엽식물로 주근과 측근으로 나뉘지만, 가늘어 구분이 뚜렷하지 않고, 수명이 짧은 미세측근이 계속 발생하여 섬유근계를 형성한다. 근모는 발생하지 않는다.

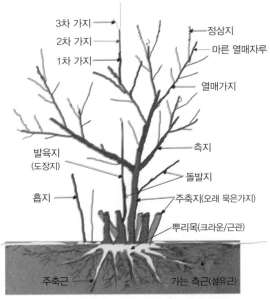

3차 가지

2차 가지

1차 가지

정상지

마른 열매자루

열매가지

측지

돌발지

주축지(오래 묵은가지)

뿌리목(크라운/근관)

발육지
(도장지)

흡지

주축근

가는 측근(섬유근)

<figure>

**그림 2-4** 블루베리 나무의 전체적 구조

나무는 낙엽이 지면 가지가 드러나 관찰하기가 쉽다. 하이부시블루베리 '듀크'의 낙엽이 진 후 모습이다.

</figure>

## 2. 가지는 지상부 나무의 주체이다

### 1) 가지는 몇 가지 종류로 구분한다

봄~여름에 눈(생장점)에서 자라나오는 가지를 신초(新梢, shoot)라고 부른다. 신초는 순(싹)가지로 어린 줄기가 신장하면서 마디마다 잎이 나오고 어느 정도 자라면 잎겨드랑(엽액)에 다시 새로운 눈을 형성하여 완성된 새 가지가 된다.

새 가지는 신초의 출처에 따라 잎눈에서 나온 정상지, 숨은눈에서 나온 돌발지(adventitious shoot), 뿌리줄기에서 나온 흡지로 구분할 수 있다. 정상지는 개수가 많아 수관 구성의 중심이 되는 가지이다. 돌발지는 품종에 따라 발생 빈도가 다르며, 가지의 절단면 부근에서 쉽게 발생한다. 돌발지 중 나무 중심에서 위로 강하게 뻗으면서 꽃눈을 맺지 못하는 가지를 발육지(vegetative shoot), 연약하게 웃자라는 가지를 도장지(succulent shoot, water shoot)라고 구분하여 부르기도 한다.

　신초는 체내외의 조건에 따라 자라다 멈추고 멈추었다 다시 자라고를 반복한다. 이에 따라 새 가지를 자라는 시기에 따라 순차적으로 1차 생장 봄가지(5월 가지), 2차 생장 여름가지(7월 가지), 3차 생장 가을가지(9월 가지)로 구분하기도 한다.

　가지는 생장 햇수에 따라 1년생 새 가지와 2년생 그리고 그 이상의 묵은 가지로 나눌 수 있다. 2년생은 열매가지(결과지), 나이 들어 굵어진 수 개의 중심 가지를 주축지(cane)라고 하고, 주축지에서 순차적으로 분지한 묵은 가지를 측지라고 한다.

**블루베리 가지의 구분**

① 출처에 따른 새 가지의 구분
　　영양눈(잎눈)에서 나온 가지(정상지)
　　숨은눈(잠아)에서 나온 가지(돌발지, 발육지, 도장지)
　　뿌리줄기 마디(생장점)에서 나온 가지(흡지)
② 생장시기에 따른 새 가지의 구분
　　1차 봄가지(5월 가지)
　　2차 여름가지(7월 가지)
　　3차 가을가지(9월 가지)
③ 생장 햇수에 따른 전체 가지의 구분
　　1년생 가지(정상지, 발육지, 도장지, 돌발지, 흡지)
　　2년생 가지(열매가지)
　　3년생 이상 묵은 가지(측지, 주축지)

## 2) 가지는 독특한 생장 습성을 갖고 있다

　신초는 어느 정도 자라다가 블랙 팁(black tip)이 나타나며 생장을 멈춘다.

블랙 팁은 가지 끝의 생장점이 퇴화되면서 가까이 있는 엽원기 분열조직(잎을 만드는 세포조직)에서 막 분화된 작은 잎, 2mm 전후의 생기다만 잎이 까맣게 말라 비틀어져 죽은 것이다. 검게 말라 죽은 미세한 잎은 2주 정도 붙어 있다가 떨어지는데, 이때 자세히 보면 부근에 죽은 생장점의 흔적이 보인다. 신초의 이러한 생장 습성이나 증세를 자기적심(스스로 순 지르기, self topping), 끝순 마름 등으로 부르기도 한다.

가지 끝에 블랙 팁이 생기면 바로 아래에 있는 잎겨드랑(엽액)의 생장점이 눈으로 발전하여 끝눈(정아)이 된다. 외관상 끝눈으로 보이지만 실제로는 겨드랑눈(액아)이기 때문에 이 끝눈을 거짓끝눈(위정아, pseudo-terminal bud)이라고 한다.

봄에 생장한 1차 가지는 블랙 팁이 나타나면서 생장을 멈추지만, 조건에 따라 거짓끝눈의 생장점이 활동하여 2차 가지로 발전하고, 다시 같은 방식으로 3차 가지(4차 가지도 있음)로 발전하기도 한다. 2차 가지와 그 뒤로 발생하는 3차 가지에서도 블랙 팁이 나타난다. 1~3차 가지가 하나의 가지(가축분지, sympodial)로 연결되어 발달하기도 하지만 1차, 2차 가지에서 분지하는 경우도 있다.

가지에서 일어나는 1, 2, 3차 생장 패턴은 품종과 환경조건에 따라 다르다. 북부하이부시 조생종은 5월에 주로 1차 생장(봄가지)하다가 착과 후에는 생장을 멈춘다. 과실비대와 성숙에 에너지와 광합성 산물이 집중되어 가지 생장이 억제되기 때문이다. 수확 후 장마기에 다시 2차 생장(여름가지)하다가 8월에는 가물고 기온이 높아 다시 생장을 멈춘다. 그리고 9월경에 날씨가 선선해지면서 또다시 3차 생장(가을가지)이 일어난다. 일반적으로 봄~여름에 자란 가지가 튼튼하고 충실한 꽃눈을 맺고 충분히 굳어 겨울을 맞이하기 때문에 월동력이 강하다. 가을가지는 연약하고 꽃눈도 불충실하고 충분히 굳지 않은 상태로 월동하게 되어 동해를 입을 수 있다.

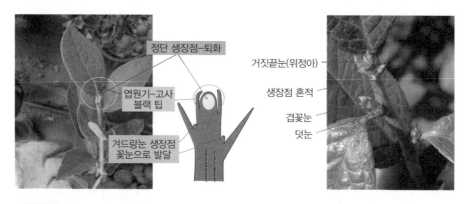

**그림 2-5** 가지끝 생장점 부근에 생긴 블랙 팁, 생장점 흔적과 거짓끝눈

자라던 가지 끝에 나타나는 블랙 팁은 생장을 멈추었다는 표시이다. 시간이 지나면 퇴화한 생장점의 흔적과 함께 가까운 잎겨드랑에 눈(거짓끝눈)이 형성되는 것을 볼 수 있다.

**그림 2-6** 1차 가지 블랙 팁, 2차 가지 발생, 1, 2, 3차 가지의 발달

1차 가지에 블랙 팁이 나타나고, 조건에 따라 가까이 있는 눈의 생장점에서 2차 가지가 나오고, 이후 2차 가지에서 같은 과정을 반복하며 3차 가지가 발달한다.

### 3) 가지 생장에는 다양한 요인이 영향을 미친다

가지의 생장에 관여하는 요인으로는 품종, 온도, 일조, 강우, 시비조건 등이 있다. 품종별로는 래빗아이가 하이부시보다 여름가지와 가을가지가 많이 발생하는 경향이 있다. 해에 따라 봄에 기온이 높으면 눈의 발아가 빠르고, 장마가 길고 강수량이 많으면 여름가지와 가을가지 수가 증가하고 가지 생장이 늦게까지 이어진다. 햇빛이 부족하거나 늦여름에 질소질 비료를 시용하면 가을가지의 생장이 계속되어 월동 중 동해를 입기 쉽다. 반면에 칼륨과 인산질 비료를 시용하면 가을가지의 생장을 억제한다.

가지의 위치, 분지 각도, 굵기 등도 가지 생장에 영향을 미친다. 다른 조건이 같다면 가지는 상부에 위치할수록, 분지 각도가 작을수록, 가지가 굵을수록 더 잘 자란다. 가지는 정부 우세성(apical dominance)이 있어 정부(꼭대기)에 있는 눈의 세력이 그 아래 눈에 비해 강하고, 정부의 눈이 생장 활동하고 있으면 아래 있는 눈은 활동이 약하거나 아예 활동을 멈춘다. 이에 따라 가지 정단부의 꽃이 더 빨리 피고, 위의 신초가 더 잘 자란다. 그러나 꽃눈 분화는 반대로 아래쪽 신초에서 더 잘 일어난다[영양생장이 활발하면 생식생장(꽃눈 분화)이 억제되기 때문임]. 가지가 적당히 기울면 정부 우세성이 약해져 균형 잡힌 신초의 발육과 꽃눈 분화가 이루어진다. 열매가지가 과실 무게로 인해 가지가 아래로 처지는 경우가 있는데, 이때 처진 가지의 완곡부가 정부가 되어 그 부위에서 신초가 많이 발생한다. 가지에 결실이 지나치면 노화가 촉진되는데, 3~4년생 가지는 계속되는 결실로 중간 부위에서 선단부까지의 가지 생장이 불량해진다.

### 4) 흡지는 주로 주축지 갱신용으로 사용된다

흡지는 영어로 'sucker(흡반)'라고 하는데, 문어의 빨판이 연상되어 붙인 이름인 듯하다. 흡지는 지하 뿌리줄기에서 발달하여 땅속에서 자라나온다. 흡지는 품종, 결실상태, 나무세력, 그해 날씨 등에 따라 발생과 생장 정도가 다르다. 지나친 결실은 흡지 발생을 억제한다. 불필요한 흡지는 솎아 내는 것이 좋지만, 일부의 흡지는 주축지 갱신용으로 또는 새로운 번식수단으로 이용된다. 품종에 따른 흡지의 발생 정도는 다음에서 보는 것과 같다(원예특작과학원 조사발표).

흡지가 잘 안 나오는 품종 : 듀크, 스파르탄, 블루레이, 브리지타

흡지가 잘 나오는 품종 : 노스랜드, 블루크롭, 엘리자베스, 패트리어트, 코빌, 넬슨, 저지

**그림 2-7** 듀크와 노스랜드의 흡지 발생

흡지 발생 정도는 품종 간 차이가 크다. 듀크(왼쪽)는 드문드문 한두 개씩 나오는데 노스랜드(오른쪽)는 다닥다닥 수없이 많이 발생한다.

### 5) 가지에는 꽃눈과 잎눈이 형성된다

신초는 자라다가 특정 단계에 이르면 생장을 멈추고 잎겨드랑에 꽃눈 또는 잎눈을 형성하는데 상단부에는 주로 꽃눈이, 하부에는 잎눈이 형성된다. 가지의 꽃눈과 잎눈은 겨드랑눈의 생장점이 분화되어 발달하며, 이때 일부의 잎눈은 숨은눈으로 변하기도 한다. 가지의 정단 생장점은 말라죽고, 선단부의 잎겨드랑 생장점은 대부분 꽃눈으로 분화되기 때문에 가지의 생장이 일정한 크기에서 멈추고, 교목성 나무처럼 원줄기가 계속 뻗어 나가지 못한다.

가지에 형성되는 꽃눈은 이듬해 곧바로 열매로 발전하기 때문에 특히, 제때 분화되고 건전하게 형성되어 안전하게 월동해야 한다. 꽃눈이 형성되는 시기는 품종, 기후조건, 영양상태 등에 따라 다르다. 북부하이부시의 경우 의미

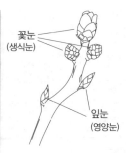

꽃눈
(생식눈)

잎눈
(영양눈)

낙엽 전

낙엽 후

**그림 2-8** 낙엽 전후의 눈의 발달, 꽃눈과 잎눈의 구분, 꽃눈과 잎눈의 발아

하나의 꽃눈은 꽃줄기에 여러 개의 꽃을 형성하는 꽃송이로, 하나의 잎눈은 줄기에 여러 개의 잎을 형성하는 신초로 발달하기 때문에 꽃눈은 생식눈, 잎눈은 영양눈이라고 부르기도 한다.

있는 꽃눈은 주로 하지가 지난 7~8월에 분화되는데 품종별 꽃눈 분화기는 뒤에 나오는 꽃눈 편에서 소개한다.

## 3. 잎은 크기와 모양이 품종별로 조금씩 다르다

봄이 되면 잎눈이 싹터 신초가 자라나오고, 어린 줄기의 각 마디에서 잎이 나온다. 잎눈은 꽃눈보다 다소 늦게 부풀기 시작하는데 품종, 저온충족도, 온도 등에 따라 차이가 있다. 처음엔 6장 정도의 잎이 촘촘히 붙어 나오며 그 뒤 신초의 마디 사이가 확장되면서 잎의 사이가 벌어진다. 그 뒤 신초가 자라면서 5일 간격으로 새 잎이 하나씩 나온다.

잎은 가지의 마디에 하나씩 번갈아 가며 붙는 어긋나기(호생) 잎차례이다. 잎의 길이는 하이부시가 평균 8cm, 로우부시는 0.7~3.5cm이며, 래빗아이는 하이부시보다 잎의 크기가 작다. 광선이 약하면 잎의 두께가 얇아지는 경향이 있다. 잎의 모양은 타원형, 주걱형, 계란형까지 다양하며, 잎 뒷면에 털이 있는 것도 있고 없는 것도 있다. 품종에 따라 잎 둘레의 톱니처럼 생긴 결각이 있는 것도 있고, 화외밀선(꽃밖꿀샘)이 발달되어 꿀을 분비하기도 한다.

**그림 2-9** 듀크와 루벨의 잎(위), 낙엽 직전의 이층 형성, 블루크롭의 화외밀선

블루베리 잎은 품종별로 모양과 크기가 조금씩 다르다. 블루베리 잎에는 잎몸 둘레에 화외밀선(꽃밖꿀샘)이 있어 꿀을 분비하기도 한다. 특히 실내나 시설에서 용기재배를 할 때 화외밀선에서 분비되는 꿀을 쉽게 볼 수 있다. 단풍이 들고 줄기와 잎자루가 붙어 있는 자리에 이층이 형성되면 바람과 중력에 의해 잎이 쉽게 떨어진다.

가을이 되면 기온이 떨어지고 일장이 짧아지면서 잎이 붉게 물든다. 이 과정에서 잎에 있던 양분들이 가지로 이동하여 눈의 발달을 돕고 내한성을 키워 무사히 월동할 수 있도록 돕는다. 대부분 가을에 단풍이 들고 잎자루 기부에 이층(탈리층)이 형성되어 바람과 중력에 의해 쉽게 떨어진다(그림 2-9 참조). 남부하이부시 가운데 일부 품종(미스티 등)은 조건에 따라 상록성을 띠는 것들도 있다. 일반적으로 블루베리의 건강한 잎은 가을에 단풍이 곱게 들고 일시에 낙엽이 진다. 낙엽 시기는 해에 따라 또는 시비나 관수 정도에 따라 달라질 수도 있다. 단풍잎의 색은 주로 붉은색이고, 관여하는 색소는 안토시아닌이다. 안토시아닌은 배당체이기 때문에 광합성이 활발하여 당 함량이 높을 때 단풍잎이 더 빨갛고 곱게 물든다.

## 4. 꽃, 종자, 과실은 한 통속이다

꽃눈에서 시작하여 꽃이 피고 종자와 열매를 맺는다. 꽃은 통꽃으로 작은 꽃들이 모여 꽃송이를 형성하며 자가수분도 하지만 주로 타가수분을 한다. 과실비대는 3단계 생장 과정을 거쳐 이루어지며, 성숙하면서 외과피에 안토시아닌이 축적되어 청자색으로 물든다.

### 1) 꽃눈은 발달하여 꽃이 된다

#### 가. 그해 자란 새 가지에 꽃눈이 형성된다

신초의 가지 신장이 멈추고 이어서 잎이 완전하게 전개되면, 수주 후에 가지 상단부에 위치한 잎겨드랑의 생장점이 꽃눈으로 분화되고, 내부적으로 꽃의 기관이 발육하여 꽃눈을 형성한다. 꽃눈이 완전히 형성되면 육안으로 쉽게 구분할 수 있다. 상부의 꽃눈은 구형으로 둥글고 통통하며, 하부의 잎눈은 뾰족하고 홀쭉하다(그림 2-8 참조). 이때 꽃눈의 내부를 관찰해 보면 작은 꽃(소화)들이 완성되고, 작은 꽃에는 밑씨(배주)가 형성되어 있으며 이런 상태로 휴면에 들어가 월동한다. 꽃눈의 경우 한 마디에 1개의 눈이 착생되는 홑눈이지만, 종에 따라서는 한 마디에 2개 이상 착생되어 원눈(주아)과 덧눈(부아)으로 구분되는 겹꽃눈(복아)이 생기기도 한다. 드물게는 덧눈 자리에 잎눈이 분화하여 꽃눈과 잎눈이 혼생하는 경우도 있다. 즉, 원눈은 꽃눈이고 곁에 붙어 있는 덧눈은 잎눈인 경우도 관찰된다(그림 2-10 참조).

#### 나. 꽃눈의 분화 시기는 일정하지 않다

꽃눈의 분화 시기는 종류, 품종, 지역, 기후조건, 가지의 위치에 따라 다르다. 로우부시는 가지 생장 정지 후 1주일 뒤부터 시작되며 하이부시와 래빗아이는 그보다 뒤늦게 시작된다. 예를 들면 일본 지바 지방에서는 하이부시 만

그림 2-10 겹꽃눈(원눈과 덧눈), 꽃눈과 잎눈의 혼생

겹꽃눈에서 덧눈은 작고 나중에 열매도 부실하기 때문에 꽃눈 따주기를 할 때 제거하는 것이 좋다. 발생 초기의 눈은 상황에 따라 꽃눈 또는 잎눈으로 발달하여 혼생하는 경우도 있다.

생종 저지 품종은 7월 상순부터 9월 중순까지, 래빗아이 품종 티프블루는 7월 하순에서 9월 중순 사이에 분화가 시작되고, 이후 화기의 발육은 10월 하순까지 이어졌다. 미국 동북부 로드아일랜드주에서는 하이부시의 품종의 대부분이 개화 후 60~90일 사이에 분화되었다. 품종별로 조생종은 꽃눈 분화가 빠르고 이듬해 개화와 숙기도 빠르다. 조사에 따르면 봄가지에서는 수확 후 꽃눈 분화가 일어나 여름가지에 비해 꽃눈 분화가 3개월 이상 빠르고, 꽃눈의 형성과 발달도 빨라 결국 이듬해 개화와 과실 성숙도 빠르다. 한 가지에서는 위에서부터 분화가 시작되고 밑으로 내려올수록 점점 늦어진다. 5번째 이하의 꽃눈은 정단의 꽃눈보다 수 주 늦게 분화되기도 하여 지역에 따라 9월, 10월, 때로는 11월까지 발육이 일어난다. 그리고 화방 내 작은 꽃들의 발달은 꽃줄기 아래에서부터 시작하여 점차 선단부로 발달해 간다. 이러한 발달 순서는 나중에 개화할 때 개화 순서로 나타난다.

표 2-3 하이부시 '저지', 래빗아이 '우다드', '티프블루'의 꽃눈 분화 시기와 화기 발육 단계

| 화기 발육 단계 | 저지 | 우다드 | 티프블루 |
|---|---|---|---|
| 꽃눈 분화 개시 | 7월 상 ~ 9월 중순 | 8월 상 ~ 9월 중순 | 7월 하 ~ 9월 중순 |
| 꽃받침 형성기 | 7월 중 ~ 9월 하순 | 8월 중 ~ 9월 하순 | 8월 중 ~ 10월 상순 |
| 꽃부리 형성기 | 7월 하 ~ 9월 하순 | 8월 중 ~ 9월 하순 | 8월 중 ~ 10월 상순 |
| 수술 형성기 | 8월 하 ~ 9월 하순 | 8월 하 ~ 9월 하순 | 8월 중 ~ 10월 하순 |
| 암술 형성기 | 9월 상 ~ 10월 하순 | 9월 상 ~ 10월 중순 | 9월 상 ~ 10월 하순 |
| 밑씨 형성기 | 9월 중 ~ 10월 하순 | 10월 상 ~ 10월 하순 | 10월 상 ~ 11월 중순 |

농촌진흥청(2013)에서 발췌하여 재인용함.

### 다. 꽃눈 분화에는 다양한 요인이 관여한다

꽃눈 분화에 미치는 요인으로 일장, 온도, 엽수(엽면적), 영양상태(C/N율), 해거리를 들 수 있다. 환경이 조절되는 실내 실험에서 꽃눈 분화는 단일에서 촉진되고 장일에서는 억제되며, 16시간 장일조건에서는 꽃눈 분화가 일어나지 않았다. 이처럼 블루베리는 단일조건(장야조건)에서 꽃눈이 분화된다. 일부 1차 가지가 생장이 빨라 5월 중순에 완료되면 이 시기의 단일조건에 의해 꽃눈이 분화되고, 일부 형성된 꽃눈이 2차 가지 생장이 일어날 무렵에 개화하기도 한다. 그러나 본격적인 꽃눈 분화는 7월 이후 일장이 점차 짧아지는 시기에 일어난다. 그리고 꽃눈 분화는 21℃에서 촉진되고 지나친 고온에서는 꽃눈 분화가 억제된다. 꽃눈 분화와 발육에는 건전한 잎이 필요한데, 꽃눈이 분화되기 전에 가지의 잎이 병이나 태풍 등으로 떨어지면 꽃눈이 분화되지 않거나 꽃눈 수가 감소한다. 실제로 적엽 처리를 해보면 가지당 꽃눈 수와 꽃송이당 꽃 수가 감소하는 것을 볼 수 있다.

건전한 잎에서 이루어지는 활발한 광합성이 체내 C(carbohydrate)/N(nitrogen)율을 높이고, 이 C/N율이 꽃눈 분화에 중요한 역할을 하는 것으로 알려져 있다. 즉, 탄수화물 함량이 질소화합물에 비해 높을 때 꽃눈 분화가 촉

진된다. 가지에 건강한 잎이 확보, 유지되어 광합성이 활발하게 이루어져 가지가 굵고 튼튼하게 자라면서 체내에 탄수화물이 많이 축적되어야 좋은 꽃눈이 많이 형성된다. 반면에 체내 질소 함량이 높으면 생산된 체내 탄수화물이 단백질 합성 등에 소모되어 꽃눈 분화가 억제된다. 질소질 비료의 지나친 시비로 늦게까지 자라는 가지, 그늘에서 생장한 가지, 여름에 낙엽이 된 가지는 꽃눈 분화가 억제된다. 그렇기 때문에 질소질 비료의 시비를 제한하고, 특히 8월 이후 늦은 시기의 질소 시비는 하지 않는 것이 좋으며, 햇볕은 골고루 잘 받도록 하며, 건전한 잎을 유지해 주는 것이 좋다. 블루베리의 해거리는 보통 전년도에 착과가 지나치게 많이 된 경우 발생하는데, 결실량이 많으면 체내 탄수화물의 소모가 많아지기 때문에 C/N율이 떨어져 꽃눈 분화가 나빠진다. 전정이나 적과 등을 통해 착과량을 조절하여 새 가지에 형성되는 꽃눈 수와 꽃눈의 충실도를 높여 주는 것이 좋다.

## 꽃눈에서 왜 잎이 나오나

가지의 잎겨드랑 생장점이 분화되어 눈이 형성되는 과정에서 어떤 것은 꽃눈이 되고 어떤 것은 잎눈이 된다. 블루베리는 대체로 가지 상단부 눈들은 꽃눈이 되고, 하단부 눈들은 잎눈이 된다. 그렇지만 상단부와 하단부의 정확한 경계선은 없다. 꽃눈과 꽃눈 사이에 잎눈이 형성되기도 한다. 잎눈은 없고 꽃눈만 형성되는 가지도 있다. 품종마다 다르고, 가지마다 다르며, 해에 따라 달라진다. 가지마다 눈의 개수도 일정하지 않고, 상황에 따라 꽃눈과 잎눈이 된다. 식물학에서는 꽃을 잎의 한 변태로 보고 있다. 형태발생학적으로 볼 때 잎이 되어야 할 것들이 꽃으로 변하는 것이다. 꽃의 한 구성요소인 꽃받침도, 꽃잎도 모양과 기능이 잎과 비슷하다. 꽃받침에는 엽록체가 분포하여 광합성도 이루어진다. 꽃잎은 말 그대로 꽃의 잎이고 잎 모양을 갖추고 있다. 잎눈에서 가지가 나오고 가지의 마디에 잎이 한 장씩 생기는 것처럼, 꽃눈에서는 꽃가지가 나오고 그 꽃가지의 마디에 작은 꽃이 하나씩 생긴다. 신초와 꽃송이를 비교해 봐도 형태적으로 유사한 점이 많다. 이것은 잎이나 꽃이나 잎눈이나 꽃눈이나 발생 근원이 같다는 의미이다. 겹꽃눈에서 하나는 꽃눈이고 하나는 잎눈인 경우도 발생한다. 또한 눈의 발생 과정에서 조직과 기관 분화의 내외적 조건이 맞지 않으면 잎눈도 아니고 꽃눈도 아닌 모호한 눈이 형성되기도 한다. 그런 눈을 중간눈이라고 한다. 실제로 꽃눈 형태를 갖추고 있는데 막상 개화 과정에서 보니 꽃과 잎이 같이 나오기도 하고, 어떤 꽃눈에서는 꽃 대신에 잎이 자라나오는 것을 볼 수 있다. 학술적으로는 발생장해 또는 생리장해라고 부르지만, 농업적으로 보면 생산에 타격을 줄 정도는 아니기 때문에 학계에서도 관심이 없고, 때문에 발생 원인도 지금으로서는 명확하게 밝혀진 바가 없다. 농민들이 보기에는 신기하고 은근히 걱정스럽기도 하다. 그러나 걱정할 일은 아닌 것 같다. 자연의 질서는 그렇게 쉽게 깨지지 않는다. 농사에 지장을 줄 정도로 흔하게 발생하는 것이 아니므로 크게 걱정할 일은 아니다.

▌꽃눈에서 잎과 꽃(과실)이 동시에 나와 자라고 있다.

## 2) 개화는 4월에 시작하여 5월 초에 끝난다

꽃눈은 휴면에 들어가 월동하며, 월동 중 저온소선에 부딪히면서 저온요구도가 충족되면 휴면이 타파된다. 그리고 이듬해 3월이 되면 부풀어 커지고, 4월부터 개화가 시작되어 5월까지 이어진다. 블루베리는 진달래처럼 잎(가지)이

나오기 전에 꽃이 먼저 피는 경우도 있지만 대부분은 철쭉처럼 꽃이 피면서 거의 동시에 잎(신초)이 자라나온다. 한 가지에서 개화 순서는 앞서 기술한 것처럼 꽃눈의 위치에 따라 다른데, 꽃눈 발달 순서에 따라 가지 위쪽의 꽃눈이 먼저 피고 점차 내려가면서 순서대로 핀다. 꽃송이 내에서 꽃들의 개화 순서는 꽃줄기 아래부터 먼저 피고 점차 위쪽으로 순차적으로 핀다. 개화시기와 개화기간은 종류, 품종, 지역, 기상조건에 따라 다르다. 우리나라 중부 지역은 4월 중순~하순에 피기 시작하여 5월 상순~중순까지 이어진다. 하나의 나무는 3~4주간 개화가 이어지며, 꽃송이는 7~14일, 작은 꽃은 7~10일 정도 피어 있다. 개화기는 품종 간 차이가 있으나, 개화가 빠르다고 수확이 빠른 것은 아니다. 성숙과 수확의 빠르고 늦음은 개화시기보다는 주로 개화 후 과실의 발달과 성숙기간의 차이에 의해 결정된다. 개화기는 같아도 수확기는 크게 다른 것을 볼 수 있다. 조생종은 과실의 성숙기간이 짧아 수확이 빠르고 수확기간도 짧다. 티프블루의 수확기간은 50일인 데 비해 극조생 얼리블루는 2주 정도면 수확이 종료된다(표 2-4 참조).

**표 2-4** 블루베리의 개화기와 수확기

| 품종 | 개화기 | | | 수확기 | |
|---|---|---|---|---|---|
| | 시작 | 만개 | 종료 | 시작 | 종료 |
| **하이부시** | | | | | |
| 얼리블루 | 4월 12일 | 4월 20일 | 5월 3일 | 6월 9일 | 6월 22일 |
| 블루크롭 | 4월 16일 | 4월 25일 | 5월 5일 | 6월 26일 | 7월 27일 |
| 코빌 | 4월 16일 | 4월 24일 | 5월 5일 | 7월 6일 | 8월 1일 |
| **래빗아이** | | | | | |
| 우다드 | 4월 15일 | 4월 27일 | 5월 7일 | 7월 12일 | 8월 15일 |
| 홈벨 | 4월 16일 | 4월 27일 | 5월 7일 | 7월 19일 | 8월 28일 |
| 티프블루 | 4월 16일 | 4월 27일 | 5월 8일 | 7월 24일 | 9월 13일 |

石川 외(2005)에서 개화기가 비슷한 품종만 발췌하여 비교함. 개화기는 같아도 수확기와 수확기간은 품종 간 차이가 크다. 수확의 빠르고 늦음은 개화 이후 과실의 발달과 성숙기간에 달려 있음을 알 수 있다.

## 3) 꽃들이 모여 꽃송이를 형성한다

### 가. 꽃송이

하나의 꽃눈에는 여러 개의 꽃이 이미 분화되어 있다. 그들이 발달하여 개화 후 꽃송이(화방)를 형성한다. 크고 충실한 꽃눈의 경우는 꽃이 평균 10개 전후이지만, 꽃눈에 따라 5~6개 또는 그 이하인 경우도 많다. 겹꽃눈의 경우 작

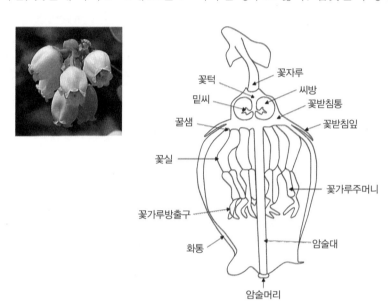

**그림 2-11** 블루베리꽃의 구조

블루베리꽃은 5개의 꽃잎이 서로 붙어 화통을 형성하는 통꽃이다. 꽃의 구성 성분 가운데 꽃턱, 꽃받침통, 꽃받침잎, 씨방이 함께 과실로 발달한다.

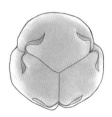

**그림 2-12** 블루베리 꽃가루

꽃가루는 꽃가루어미세포(화분모세포)가 2회 분열하여 형성하는 4개의 꽃가루(4분자)가 분리되지 않고 붙어 있어 무겁고 점착성이 있어 잘 날리지 않는다. 그래서 반드시 매개곤충(방화곤충)의 도움이 필요하다.

은 꽃눈, 즉 덧눈은 꽃수도 적고 개화도 늦는 경향이 있다. 따라서 꽃눈 따주기를 할 때 덧눈에서 발달한 덧꽃송이는 제거하는 것이 좋다. 블루베리의 꽃차례(화서)는 총상화서로 하나의 꽃줄기에 작은 꽃자루를 가진 꽃들이 붙어 있다.

### 나. 꽃의 구조

꽃은 진달래과 식물의 꽃들이 그런 것처럼 5개의 꽃잎이 붙어 있는 통꽃인데, 특히 블루베리는 화통 형태를 띤다. 꽃잎이 서로 붙어 형성되는 화통의 모양은 구형, 거꾸로 된 종형, 항아리형, 관상형 등 여러 가지고 꽃색은 흰색 또는 분홍색이며 대부분 아래로 향해 있다. 꽃받침잎은 5개의 깊게 파인 결각이 있으며 씨방에 붙어 있고 과실이 비대해져 성숙할 때까지 함께한다. 씨방은 수술과 화통 아래쪽에 위치하면서 꽃받침통과 꽃턱(꽃받기, 화탁, 화상)에 파묻혀 있는 형태를 하고 있다. 그리고 씨방은 4~5개의 자실로 나뉘며 그 안에 다수의 밑씨(배주)가 형성된다. 암술머리는 대부분 화통 입구까지 나와 있다. 수술은 진달래처럼 10개이며 암술대보다 짧아 화통 안에 위치하면서 암술대를 감싸는 모양으로 서로 바싹 붙어 있다. 수술은 꽃가루주머니와 꽃실로 구성되어 있다. 꽃실의 가장자리에는 털이 나 있고 꽃가루주머니는 2개의 튜브 모양을 하며 그 안에 있는 꽃가루는 4분자 덩어리로 한 개로 보이는 꽃가루는 원래 4개의 꽃가루가 뭉쳐 있는 것이다.

## 4) 수분과 수정으로 종자가 형성되어야 착과가 잘 된다

화통의 입구는 좁고 암술머리는 바깥으로 빠져 나와 있으며 꽃가루주머니는 화통 안에 있다. 여기에다 꽃가루는 4개가 뭉쳐 있어 무겁고 점착성이 있어 바람에 잘 날리지 않는다. 수분을 위해서는 매개곤충의 도움이 절대적으로 필요하다. 화통 안쪽 기부에 꿀샘이 발달되어 있어 방화곤충의 유인이 쉽고, 블루베리꽃은 유채꽃 다음으로 방화곤충들이 좋아하는 꽃으로 알려져 있다.

개화 후 수정 가능 기간은 3~6일 정도이며, 수분 후에 암술머리에서 발아한 꽃가루가 씨방의 배낭으로 침투하는 데 걸리는 시간은 조건에 따라 다르지만 보통 1~4일 정도이다. 수정이 이루어지면 화통이 분리되어 위로 살짝 솟으면서 갈색으로 변해 떨어진다. 그리고 암술머리와 암술대는 나중에 떨어진다. 수정되지 못한 꽃들은 와인색으로 변하여 10일 이상 그대로 꽃송이에 남아 있다. 꽃은 피었는데 착과가 되지 않은 것은 수정이 되지 않았기 때문이다. 따라서 필요한 경우에는 인공수분을 해 줘야 한다.

　　하이부시는 자가 화합성이 있어서 품종에 따라 자가수정이 이루어진다. 그렇지만 타가수정을 하면 결실률이 높아 완전한 종자가 많아지고, 이에 따라 성숙기가 빨라지고 과실이 커지는 것이 일반적이다. 반면에 래빗아이는 자가불화합성이 강해 타가수정을 하고, 때문에 재배할 때는 주 품종과 친화성이 높은 적절한 품종을 2가지 이상 선정하여 수분용으로 혼식해야 한다. 그리고 하이부시와 래빗아이 사이에는 배수성이 달라 서로 수정이 되지 않는다. 따라

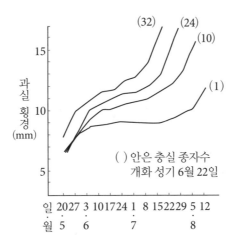

**그림 2-13** 래빗아이(우다드) 과실 횡경의 증가 곡선

石川 외(2005)에서 재인용함. 과실 내에 수정이 이루어져 형성되는 완전한 종자수가 많을수록 과실비대가 빠르고 과실이 더 커진다.

서 블루베리를 심을 때는 하이부시는 가급적 2품종 이상, 래빗아이는 반드시 2품종 이상을 재식하는 것이 바람직하다.

### 5) 종자 형성은 과실비대와 밀접한 관련이 있다

수정 후 씨방 안의 밑씨(배주)가 자라 종자가 된다. 종자가 완전하고 많을수록 과실비대가 촉진된다. 모든 과실에서 보는 것처럼 종자 형성과 발달은 과실의 착과와 그 후의 비대에 큰 영향을 미친다. 실제로는 수정이 제대로 이루어지지 않아 쭉정이 종자가 많이 생긴다. 쭉정이 종자는 크기가 작고 모양이 일그러지고 물에 담그면 물 위로 뜬다. 그리고 밑씨의 발육이 불량하고 쭉정이 종자가 많으면 개화 후 3~4주경에 1차 생리적 낙과현상이 발생한다. 이후 신초 생장기에 과실 간 또는 과실과 신초 사이에 양분경합으로 밑씨 발육이 불량해지면 2차 생리적 낙과가 발생하기도 한다.

품종에 따라 단위결실성을 보이는 것도 있는데(품종 : 누이, 스타 등) 이 품종들은 무수분, 무수정, 무종자인데도 과실이 정상적으로 착과하여 비대해진다. 그리고 미국에서는 단위결실(단위결과)을 유도하기 위해 지베렐린을 처리하기도 한다.

종자는 대형 갈색 종자와 소형 백색 종자로 구분된다. 대형 갈색 종자가 많을수록 과실이 커지는 경향이 있고, 대형 갈색 종자는 타가수정한 과실에 많다. 이러한 종자수가 많을수록 과실이 커질 뿐만 아니라 빨리 익는다(그림 2-14 참조).

블루베리의 결실률(과실/꽃)은 자연조건, 재배상태, 품종에 따라 다른데 경제적인 재배를 위해서는 80% 이상 되어야 한다. 실제로 블루베리는 개화한 꽃의 90% 이상이 결실하는 것으로 알려져 있다(사과는 20% 정도).

**그림 2-14** 블루베리의 완전 종자와 쭉정이 종자

전체 종자수는 과실당 평균 50~60개이며, 이 가운데 완전 종자 비율은 하이부시는 21~52%, 래빗아이는 35~55% 이다.

## 6) 과실의 비대생장은 3단계를 거친다

블루베리 과실은 꽃턱, 꽃받침통, 꽃받침잎, 씨방 조직이 함께 발달한 위과(거짓과실, false fruit)이다(그림 2-11 참조). 수정 후 2~3개월이면 성숙한 과실이 되는데, 하이부시는 60일, 래빗아이는 70일 이상 걸린다. 과실의 생장곡선은 2중 S자형 곡선(double sigmoid curve)으로 처음에 급격히 성장하다가 잠시 완만해지다가 다시 급격히 성장하는 과정을 거친다. 이러한 과실의 생장단계는 다음과 같이 3단계로 구분한다.

> 1단계(세포분열기) : 현저한 비대, 짙은 녹색, 세포분열에 의한 세포수의 증가
> 2단계(종자형성기) : 비대의 정체, 짙은 녹색, 배와 배유의 발육으로 종자 형성
> 3단계(세포확장기) : 급격한 비대, 연한 녹색, 세포확장에 따른 세포 크기 증대

과실의 2중 S자형 곡선을 볼 때 1단계는 녹색의 유과가 세포분열을 하면서 세포수가 증가하여 급격히 비대해지는 시기이며, 2단계는 녹색의 유과가 비

그림 2-15 낙화 직후 과실비대

수정이 이루어지면 아래로 향했던 화통이 떨어지고(왼쪽), 갓난 과실은 위로 향한다(가운데). 그리고 꽃턱, 꽃받침통, 꽃받침잎, 그 안쪽의 씨방이 함께 비대하여 과실로 발달한다.

대를 일시 멈추고 씨방 내의 배와 배유가 발육하여 종자가 형성되면서 과실비대가 거의 정지되는 시기이며, 3단계는 분열된 세포 하나하나가 확장되면서 다시 급격히 비대해지는 시기이다. 1단계와 3단계에서 과실이 급격히 비대해지므로 충분한 토양 수분의 공급이 필요하고, 특히 3단계에서 수분 공급이 과실비대에 큰 영향을 미친다.

2단계 비대 정지기를 마치면 꽃받침 끝이 자색으로 변하고 과피는 반투명 녹색으로 되어 수일 내에 밝은 자색이 되고, 그 후에는 청색을 증가시켜 최종적인 과실 본래의 블루베리색(흑청자색)이 된다. 이 시기(3단계)에 과실의 용적이 급격하게 증대하는데 지름으로는 50%까지 증가한다. 또 고유의 과피색이 완성된 다음에도 과실의 크기는 20%나 커지고 수일 내에 단맛과 향기가 높아진다. 완전히 착색한 후 수일이 지난 다음에 수확하는 것이 최상의 품질을 확보하는 데 중요하다.

과실의 생장 단계별 시작과 끝은 품종, 지역, 날씨에 따라 다르다. 단계별 소요 일수를 보면 하이부시는 1단계가 2~3주, 2단계가 3~4주, 3단계 생장기간은 종류와 품종에 관계없이 2~3주인 것으로 나타났다(농촌진흥청 원예특작과학원 조사, 2013). 일반적으로 2단계의 기간은 품종별 큰 차이를 보이는데 하이부시는 래빗아이에 비하여 짧다. 래빗아이는 종자 형성에 긴 시간이 소요된

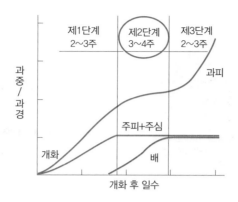

그림 2-16 블루베리 과실의 3단계 비대생장

블루베리는 전형적인 2중 S자형 곡선을 그린다. 1단계는 세포분열로 비대해지고, 2단계는 종자(주피+주심+배)
형성으로 비대를 멈추며, 3단계는 세포확장으로 급격히 비대해진다.

다는 의미이다. 총 과실 발육 일수는 북부하이부시는 42~90일, 남부하이부시
는 55~60일, 래빗아이는 60~135일이다. 그리고 남부하이부시는 품종 간 발
육 일수에 차이가 거의 없고, 래빗아이는 품종 간 차이가 크다.

### 7) 과실은 액과이며 색소는 주로 외과피에 분포한다

과실의 생장속도와 성숙기, 크기, 모양, 과색, 풍미 등은 품종에 따라 다르
다. 과실은 액과(berry)로 분류되며 성숙한 과실의 내부의 구조는 외과피, 중
과피, 내과피, 석세포, 유관속, 5개의 자실과 그 안의 다수의 종자로 구성되어
있다. 과색을 나타내는 안토시아닌은 주로 외과피에 분포하며, 종자는 자실
안에 들어 있는데 과실당 50~60개 정도이며 이 가운데 완전 종자는 하이부시
가 21~52%, 래빗아이가 35~55% 정도 된다. 블루베리 종자는 크기 1mm 이
하로 작기 때문에 먹을 때 씹히는 맛이 없다. 그런데 래빗아이 품종 가운데 일
부는 종자가 크고 많아서 씹히기 때문에 식감이 떨어진다. 과실의 성숙 과정
에서 석세포가 발달하는데, 석세포는 주로 중과피의 자실 주변에 분포한다.
석세포가 크고 또 많이 발달하면 맛에 영향을 주는데 현재 재배종 가운데에는

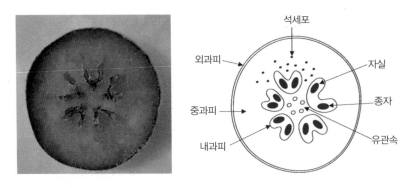

**그림 2-17** 블루베리 과실의 구조

과실의 먹는 부위는 주로 과피이며, 중과피가 과육의 대부분을 차지한다. 사과나 포도는 외과피(껍질)가 거칠고 종자가 커 주로 중과피만 먹고, 블루베리는 외과피가 얇고 석세포와 종자는 미세하여 통째로 먹을 수 있다.

맛에 영향을 미칠 정도로 석세포가 많이 발달하는 것은 거의 없다.

## 8) 맛을 좌우하는 두 가지 성분은 당과 유기산이다

맛을 좌우하는 두 가지 성분은 당과 유기산이다. 단맛을 결정하는 당은 과실비대의 3단계에 들어서면서 급격히 증가한다. 주요 당은 설탕, 포도당, 과당이며, 이 가운데 과당과 포도당이 90% 이상을 차지한다. 평균적으로 과당/포도당 비율은 1.0~1.2이며 당도는 12.5~13.0브릭스 정도이다. 블루베리 과실에는 녹말이 없기 때문에 수확 후에 녹말이 분해되어 단맛이 늘어나는 경우는 없다. 과실의 신맛을 결정하는 주요 유기산은 시트르산(구연산), 말산(사과산), 숙신산(호박산)이다. 하이부시는 시트르산(60%)이, 래빗아이는 말산(42%)과 숙신산(42%)이 주된 유기산이다. 과실이 성숙하면서 단맛은 증가하고 신맛은 감소한다. 특별히 당과 유기산의 비율을 당산비라고 하는데 이 당산비는 과실의 맛을 결정하는 중요 요인이다. 당산비는 일반적으로 성숙하는 과정에서 감소하는데, 당산비가 낮아야 과실의 품질이 좋다고 말할 수는 없다. 적절한 당산비가 유지되는 것이 좋으며, 그 수치는 소비자의 기호에 따라 다르다.

무기질로는 나트륨, 칼륨, 칼슘, 마그네슘, 인, 철, 아연, 구리, 망간 등이 비교적 많이 함유되어 있다. 비타민류는 비타민 A(카로틴), 비타민 B, 비타민 C, 나이신, 엽산 등이 다른 과실에 비해 많다. 과피와 종자를 함께 섭취하기 때문에 가식부를 기준으로 측정하는 식이섬유, 즉 셀룰로오스, 헤미셀룰로오스, 리그닌, 펙틴 함량이 상대적으로 높다. 다양한 아미노산도 분포하는데 글루타민, 아스파라긴, 라이신, 아르긴, 알라닌 등이 대표적이다. 주요 색소 성분은 주로 외과피에 분포하는 안토시아닌인데 종류와 특성은 1장에서 자세히 기술하였다.

### 9) 과실은 단계별로 착색하면서 계속 비대해진다

과실의 생장 3단계 기간에 착색이 이루어지는데, 착색 단계를 과표면의 색깔을 기준으로 미숙 녹색기(immature green, 농녹색), 성숙 녹색기(mature green, 담녹색, 꽃받침 부분 핑크), 녹색 핑크기(green pink, 60% 녹색+40% 핑크), 청색 핑크기(blue pink, 60% 청색+40% 핑크), 청색기(blue, 90% 청색), 성숙 청색기(ripe blue, 100% 청색)로 나뉜다. 하이부시블루베리는 꽃받침 부위가 분홍색으로 변하고 7일 정도면 과실이 청색으로 변하고, 이 시기에 과실비대가 급격히 일어나는데 착색이 시작되고 3일 동안에 체적의 30%가 증가한다. 일찍 성숙하는 과실이 늦게 성숙하는 과실보다 크고 종자수가 많은 경향이 있다.

### 10) 과실은 단단할수록 식감이 좋다

과실은 단단할수록, 즉 경도가 높을수록 식감과 저장성이 좋아진다. 과실의 경도는 세포벽의 두께와 세포 간 결합력이 좌우한다. 세포와 세포를 결합하는 성분 물질은 두 세포벽 사이(중엽층)에 분포하는 펙틴과 칼슘이다. 과실은 성숙하면서 펙틴이 분해되면서 세포 간 결합력이 약해져 과육이 부드러워

진다. 과육의 연화는 성숙의 지표이기는 하지만 지나친 연화는 식감을 떨어트
린다. 블루베리는 다른 베리류에 비하여 경도가 높은 편이지만 품종, 과실의
크기, 성숙 정도, 수확시기, 상처 여부, 저장온도 등에 따라 다르다.

### 11) 과실은 성숙하면 쉽게 떨어진다

성숙한 과실의 탈리(떨어져 나옴) 강도는 품종, 성숙도, 재배조건에 따라 다
르다. 특히 품종에 따라 나무를 흔들거나 손을 대기만 해도 우수수 떨어지는
것이 있는가 하면 잡아당겨도 잘 안 떨어지는 것도 있다. 손으로 과실을 수확
하는 경우에는 적절한 힘을 가할 때 쉽게 떨어지는 것이 바람직하다. 과실이
미숙한 상태에서는 과병(열매자루)이 붙은 상태로 떨어지지만 완전히 성숙하
면 과병이 분리되어 과실만 떨어진다. 그런데 품종에 따라서는 성숙 후에도
과실에서 과병이 잘 떨어지지 않는 경우가 있다. 이러한 품종은 수확 후 과병
을 다시 떼어내야 하기 때문에 좋지 않다.

**그림 2-18** 과병(왼쪽)과 수확기의 낙과 모습(품종 : 블루제이)

과실은 성숙하면 과병에서 쉽게 떨어진다. 품종에 따라서는 너무 쉽게 떨어져 큰 손실을 입기도 한다. 낙과가 심
한 품종은 강전정으로 결실량을 줄여야 한다.

## 과실비대이론 '산생장설'

과실비대는 1단계 세포분열에 이어 2단계 종자형성기를 거쳐 3단계 세포확장기로 이루어진다고 했다. 1단계에서 세포수 증가로 과실비대의 기반을 마련하고, 2단계에서 종자 형성으로 비대생장에 필요한 호르몬을 생성하고, 3단계에서 호르몬 자극과 팽압 증가로 세포가 확장되면서 과실이 급격히 비대해진다. 이러한 과실의 비대 과정을 이론적으로 뒷받침해 주는 가설이 바로 산생장설이다.

식물생리학에서 얘기하는 산생장설은 세포 확장에 필수적인 세포벽의 유연성 증가가 세포벽의 산성화에 의하여 일어난다는 가설이다. 이 가설에 따르면 세포벽 공간에 수소 이온($H^+$)이 축적되어 pH가 낮아지면(산도가 높아지면) 세포벽연화효소가 활성화되어 세포벽이 느슨해지면서 유연성이 증가한다. 그런데 세포 안에서 수소 이온이 세포벽 공간으로 이동하려면 안쪽 세포막에 분포해 있는 수소 이온 펌프(에이티피아제)가 작동해야 하는데, 이 펌프를 작동시키는 것이 바로 옥신이라는 호르몬이다. 옥신은 흔히 생장촉진 호르몬으로 알려져 있는데, 과실에서는 종자가 형성되는 과정에서 이 호르몬이 생성되기 때문에 과실 내 종자와 과실비대는 밀접한 관련이 있으며, 종자수가 많을수록 과실이 더 커진다.

세포벽의 유연성이 커지면 이어서 세포 내 팽압이 증가해야 세포가 확장된다. 수분을 흡수하면 팽압이 증가하고, 증가하는 팽압이 느슨해진 세포벽을 확장시켜 그 결과로 과실이 급격히 비대해진다. 수분이 제때 공급되어야 과실이 커진다고 하는데 바로 이 때문이다. 그래서 과실비대기의 적절한 관수의 중요성을 강조하고 있다. 과실비대기에는 비온 뒤 과실이 굵어지는 것이 당연하다. 그러나 세포벽이 굳어진 후에 급작스럽게 수분이 공급되면 팽압이 증가하면서 외과피가 갈라지는 열과 현상을 일으키기도 하므로 조심해야 한다.

## 5. 지하부 뿌리의 구조와 생태가 독특하다

블루베리 재배가 까다롭다고들 하는데, 가장 큰 이유는 뿌리가 독특하여, 토양 적응폭이 좁고, 토양을 가리기 때문이다. 블루베리는 토양 여건이 불리해지면 진달래형 균근과의 공생을 통해 뿌리의 약점을 극복하는 나름의 생존 수단을 갖고 있다.

### 1) 뿌리는 가는 섬유근으로 근모가 없다

블루베리는 쌍자엽식물이기 때문에 뿌리는 주근과 측근으로 구성되어 있다. 주축지별로 발달하는 원뿌리는 지름이 0.5cm 정도로 굵어져 주축근(중심근, 지지근, 저장근)이 된다. 그래서 주축근의 수는 주축지의 수와 거의 같다. 주축근에서 발생하는 측근들은 순차적으로 발생하는데 차수가 진행될수록 점차 가늘어진다. 온대 수목 가운데 뿌리의 지름이 가장 작은데, 측근의 평균 지름이 0.05mm(50μm) 정도이며, 마지막 측근은 지름이 0.02mm 정도로 가늘다. 참고로 일반 수목의 경우는 0.2mm(200μm) 정도이다. 측근들이 대체로 가늘기 때문에 섬유근이라고 부르며, 대부분이 양분과 수분을 흡수하는 흡수근이다. 특히 말단(말초)의 1, 2, 3차 미세측근은 주요 흡수근으로 내부 구조가 단순하고, 2차 목부 생장을 보이지 않는다(그림 2-20 참조).

이처럼 블루베리는 근모가 없고, 대신 말단에 구조가 단순한 미세측근이 잘 발달해 있다. 미세측근은 일반 식물의 근모처럼 표면적을 넓혀 양수분을 효율적으로 흡수할 수 있도록 해 준다. 미세측근은 신장력이 다른 식물에 비해 약해 생육적온에서도 하루 1mm 정도밖에 자라지 못하며, 수명이 짧아 필요에 따라 미세측근이 지속적으로 발생한다. 미세측근의 수명은 4~5개월 정도로 근모에 비하면 긴 편이지만 그래도 짧은 단명근에 속한다.

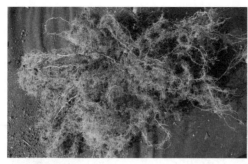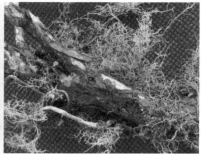

**그림 2-19** 블루베리 뿌리의 모습

주축근에서 가는 측근들이 순차적으로 다수 발생하여 섬유근계를 형성한다(왼쪽). 멀칭으로 유기물이 지표에 쌓이면 줄기의 기부에서 부정근이 발생한다(오른쪽).

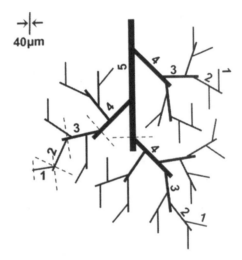

**그림 2-20** 블루베리 뿌리에서 측근의 발생체계

주축근에서 측근이 순차적으로 발생한다. 말단으로 갈수록 가느다란 측근이 발생하는데, 최말단의 1, 2, 3차 미세 측근은 흡수근으로 근모의 역할을 대신하며, 구조가 단순하고 수명이 짧다. Valenzuela-Estrada et al(2008).

## 2) 뿌리는 지표 가까이 얕게 분포한다

일반적으로 뿌리의 분포는 토양의 종류, 물리적 특성, 양수분의 분포상태 등에 따라 달라진다. 그렇다 하더라도 블루베리는 수관 하부의 좁은 범위에서 지표 가까이 얕게 분포하는 것이 특징이다. 그래서 뿌리의 분포 모습을 근

**그림 2-21** 노지와 용기에서의 뿌리의 분포 형태

노지 성목의 뿌리는 지표에 얕게 분포하며 세면기형 분포 형태를 보인다. 통기성이 좋은 에어포트에서는 뿌리가 노지에 비해 깊게 뻗어 내려간다.

거로 세면기형, 세숫대야 모양의 천근성 작물이라고 한다. 유효근권은 대략 깊이 20~30cm, 넓이 50~60cm 범위에 분포한다. 종류별로 북부하이부시는 95%가 지표 20cm에, 래빗아이는 70%가 40cm까지, 90%가 60cm까지에 분포되어 있다. 이러한 뿌리 분포는 블루베리가 호기성 작물이기 때문이며, 산소 공급이 원활한 에어포트라면 북부하이부시의 경우에도 40cm 이상 깊고 고르게 뿌리가 분포되어 있음을 볼 수 있다. 묘목을 심을 때는 뿌리의 분포를 이해하고 건조해와 습해를 받기 쉽다는 점을 고려해야 한다.

### 3) 뿌리에 진달래형 균근이 공생한다

균근(뿌리곰팡이, mycorrhiza, 근균이라고도 함)은 식물의 뿌리에 공생하는 진균(곰팡이)류를 말한다. 이 균근들은 뿌리 조직에 침투하여 뿌리로부터 자신의 먹이를 공급받고 가느다란 실모양의 균사를 통해 토양 중 양분을 흡수하여 식물에 공급한다. 균근과의 공생관계가 잘 형성된 블루베리는 자신이 생산한 광합성 산물의 5~10%를 균근에 제공하고, 균근을 통해 양수분흡수율을 10배 이상 끌어 올린다. 균근의 균사가 뿌리의 기능을 담당하면서 더 먼 곳에 있는 양수분을 더 효율적으로 더 많이 흡수할 수 있기 때문이다. 또한 균근은 유기물분해효소를 분비하여 뿌리 주변의 유기물을 분해하고 무기이온의 흡수를 도와 산성 토양에서 흡수가 어려운 유기태질소(아미노산, 펩타이드 등)와 인산의 흡수를 촉진한다. 한편으로 페놀화합물과 같은 독성물질을 제거하고, 척박한 산성 토양에서 많이 용출되는 알루미늄, 구리, 아연 등과 같은 원소의 흡수를 억제하고 그들의 독성을 약화시켜 식물이 받는 생물적·비생물적 스트레스를 완화시켜 준다.

원시 지구의 토양은 몹시 척박하고 건조했다. 당시 식물은 근모가 발달하지 않았다. 그래서 균근의 도움이 반드시 필요했다. 그러다 식물이 점차 진화하는 과정에서 뿌리에 근모가 생기기 시작했고, 균근의 도움 없이도 살아갈 수 있게 되었다. 그러나 지금도 지구 식물의 90% 이상은 균근과의 공생을 통하여 불리한 자연환경을 극복하면서 살아가고 있다. 야생식물은 거의 대부분 균근과 공생하고 있다고 볼 수 있다. 뿐만 아니라 균근은 기주 식물에 도움이 될 뿐 아니라 식물 개체군 사이에 균사망을 형성하여 건강한 야생식물 생태계 유지에도 큰 도움을 주고 있다.

식물의 종류에 따라 공생하는 균근의 종류가 다르다. 균근은 크게 외생균근과 내생균근으로 나뉜다. 외생균근은 균사가 뿌리의 표피나 피층세포 사이로 침투하고, 내생균근은 균사가 피층세포 안으로까지 침투하는 형태이다. 진달래과 식물의 뿌리에 공생하는 균근은 진달래형(ericoid) 균근이다. 진달래형 균근은 내생균근으로 뿌리의 피층세포 안에 침투해 코일 모양의 균사를 형성한다. 진달래형 균근은 23℃ 이하의 온도에서 잘 자라며 고온에서는 생육이 억제된다. 호기성으로 습한 토양에서는 자라지 못하고, 또한 호산성으로 pH가 낮은 토양에서도 번식과 활동이 활발하다. 토양 중에서 균근의 생육조건에 따라 번식과 활동이 다르기 때문에 뿌리에서도 위치별로 균근의 발생 정도가 다르다.

## 블루베리 밭에 균근을 접종하면 효과가 있을까

진달래와 철쭉은 뿌리에 근모가 없다. 그런데도 높은 산꼭대기, 때로는 바위틈에서도 잘 자란다. 건조하고 척박한 산성 토양이지만 균근이 양수분 흡수를 도와주기 때문이다. 야생 블루베리도 마찬가지이다. 균근의 도움이 자연스럽고 절대적이다. 그렇다면 재배하고 있는 블루베리 뿌리에도 균근이 공생하고 있는지, 있다면 얼마나 있고, 어느 정도 역할을 하고 있는지 궁금하다. 지금까지 수행된 블루베리 균근 관련 연구는 단편적이고 극히 제한적이다. 먼저 블루베리 밭에도 균근이 분포하는지 조사해 봤다. 토양 중에서 균근을 확인할 수 있었으며 균근의 균체는 지표 15cm 아래에서, 뿌리 말단의 미세측근, 즉 흡수근에 주로 분포하는 것으로 밝혀졌다. 그리고 용기재배에서 균근을 접종해 본 결과 뿌리의 균체 형성이 증가하고 양수분흡수효율이 높아져 생장이 촉진되었다. 다만 접종 효과는 품종 간에 차이가 있고 조생종이 만생종보다 균체가 많이 형성되는 경향을 보였다. 그리고 하이부시블루베리에서 시비량이 증가하면 균근이 크게 줄어들었다.

이러한 결과를 바탕으로 블루베리 재배에 균근의 인공 접종을 실용화해 보려는 시도가 있었다. 유럽에서는 블루베리 균근을 배양하여 상품화하기도 했고, 국내에도 수입되었지만 사용이 일반화되지는 못했다. 인위적인 균근 접종 처리가 기대만큼의 효과를 보이지 않았기 때문이다. 뿌리에서 근모가 필요에 의해 생기는 것처럼 균근과의 공생 역시 필요에 따라 이루어진다. 근모가 없어도 균근이 없어도 식물은 살아갈 수 있다. 양분과 수분이 넉넉한 환경에서는 충분히 가능하다. 수경재배에서 그것을 확인할 수 있다. 수경재배를 하면 근모가 발생하지 않고, 균근의 생존도 불가능하지만, 그 어떤 식물도 정상적으로 생육한다. 관수와 시비를 제대로 하고 있는 블루베리 재배 토양에서는 균근이 없거나 있어도 역할이 미미할 것으로 생각되는데, 이 부분에 대해서는 좀 더 체계적인 연구가 필요하다고 본다.

# 하이부시블루베리 생육 단계

미국 미시간대학에서 2008년 펴낸《하이부시블루베리 병해충종합관리 탐사를 위한 포켓 가이드(*A Pocket Guide to IPM Scouting in Highbush Blueberrys*)》에서 발췌하였다. 생육 단계별 시기는 품종과 날씨에 따라 다르다.

| 꽃눈 발달 | | |
|---|---|---|
| | 단단한 눈 | 눈비늘(눈껍질, 아린)이 완전히 닫혀 있고 아직 부풀지 않고 있다. |
| | 부푸는 눈 | 눈이 부풀고 눈비늘이 갈라진다. −12℃에서 −9℃까지 견딘다. |
| | 싹트는 눈 | 눈비늘이 갈라지고 꽃의 끝이 보인다. −9℃에서 −6℃까지 견딘다. |
| | 꽃송이 형성 | 단단한 꽃송이에서 개별 꽃들을 구별할 수 있다. −6℃에서 −4℃까지 견딘다. |
| **잎눈 발달** | | |
| | 초기 새싹 | 1~5mm 녹색 잎조직이 보이고 잎이 여전히 말려 있다. |
| | 후기 새싹 | 6~13mm 녹색 잎조직이 보이고 잎이 펴지기 시작한다. |
| | 신초 발달 | 새 가지(신초)들이 자라나오며 잎은 커지기 시작한다. |
| **꽃의 발육** | | |
| | 초기 꽃망울 | 짙은 분홍 꽃봉우리. 개개 꽃들이 자라 부분적으로 분리되어 보이기 시작하고, 화통이 짧고 닫혀 있다. −5℃에서 −4℃까지는 견딘다. |

| | 후기 꽃망울 | 옅은 분홍 꽃봉우리. 개개 꽃들이 모두 발달하여 완전히 분리되지만, 화통은 여전히 닫혀 있다. −4℃에서 −3℃까지는 견딘다. |
| --- | --- | --- |
| | 초기 개화기 | 일부 꽃은 완전히 자라 화통이 열리지만 많은 꽃의 화관은 여전히 닫혀 있다. −4℃에서 −2℃까지 견딘다. |
| | 후기 만개기 | 관목에 맺힌 대부분의 꽃들이 활짝 피어 화통이 모두 열린다. −2℃까지는 견딘다. |
| | 말기 낙화기 | 화통이 떨어져 나가고 작은 녹색 열매가 나타난다. 서리 피해를 받기 쉬운 민감한 단계로 0℃에서 피해가 나타날 수 있다. |
| **열매의 발육과 수확 후 꽃눈 착생** | | |
| | 녹색기 | 소과가 자라기 시작하면서 같은 송이 내에서 열매의 크기가 다양해진다. |
| | 착색기 | 소과들의 색깔이 녹색에서 핑크색, 그리고 다시 청색으로 변한다. |
| | 25% 착색 | 청색으로 착색된 열매는 익어서 일단 수확할 수 있는 상태로 변한다. |
| | 75% 착색 | 익는 대로 2~5회에 걸쳐 나누어 손으로 하나하나 따서 수확한다. |
| | 꽃눈 착생 | 수확 후 낙엽이 질 때까지 양분을 체내에 저장하면서 다음 해 필요한 꽃눈을 만든다. |

**생육환경, 특히 토양환경이 중요하다**

서늘한 기후를 좋아하고 더위에 약하다. 추위에 강하나 동해의 위험이 있고, 저온요구도를 충족시켜야 봄에 정상으로 생장한다. 일조량이 부족하면 꽃눈 분화가 억제되고, 단일조건에서는 꽃눈 분화가 촉진된다. 무엇보다도 배수가 잘 되고 유기물이 많아 가벼운 강산성 토양에서 잘 자란다.

## 1. 더위에 약하고 추위에는 강하다

### 1) 선선한 기온을 좋아하고 더위에는 약하다

블루베리는 온대과수로서 다소 선선한 기온에서 잘 자란다. 북부하이부시블루베리의 생육 적온은 주간 20~26℃이고 야간 16℃이다. 우리나라 월평균 기온으로 볼 때 6월과 9월이 생육에 가장 적합한 온도조건이다. 이에 따라 블루베리는 더위에 견디는 힘, 즉 내서성이 약한 편인데, 북부하이부시종이 남부하이부시종에 비해 더 약하다. 기온이 33.5℃ 이상 되면 기공이 닫히고 광호흡을 하기 때문에 광합성 효율이 크게 떨어진다. 품종에 따라서는 광합성량이 47%까지 감소한다. 또한 수확기의 고온은 호흡을 증가시켜 신맛이 증가하고, 과실을 물러지게 하여 품질과 저장성을 떨어트린다. 그래서 우리나라에서는 수확기가 늦은 중·만생종은 조생종에 비해 재배가 상대적으로 불리하다. 하이부시블루베리의 재배적지는 연 평균기온이 8.7~15.0℃가 되는 곳이고, 래빗아이블루베리의 재배적지는 연 평균기온이 16.2~20.3℃인 곳이다. 우리나라의 경우는 연 평균기온이 10~16℃이기 때문에 전국적으로 재배가 가능하지만, 저온요구도와 내한성, 무상기간을 감안하여 북부하이부시는 중북부 지방에, 남부하이부시나 래빗아이는 남부 지방이나 제주 지역에서 재배하는 것이 유리하다.

## 2) 추위에는 강하지만 냉해나 동해를 입을 수 있다

블루베리는 추위에 강한 편이다. 추위에 견디는 힘, 즉 내한성은 품종, 기상조건, 휴면 정도, 생육상태, 눈의 종류와 위치 등에 따라 다르다. 1년생 휴면 가지나 꽃눈은 −20℃ 이하에서도, 잘만 적응되면 −40℃까지도 견딜 수 있다. 그러나 급격한 온도 변화가 있거나, 늦겨울 가지에 물이 오를 때는 동해를 받기 쉬운데, 래빗아이의 경우는 −10℃ 에서도 동해가 발생한다.

개화기와 착과기에는 냉해를 입을 수 있다. 낙화 직후에는 0℃ 부근에서 수 분만 노출되어도 피해를 입는다. 특히 서리 피해를 입을 수 있으므로 주의해야 한다. 냉해나 서리 피해가 심하면 꽃과 어린 과실은 물이 스민 듯한 모양으로 변하고 결국엔 떨어진다. 저온에 짧게 노출된 경우도 암술머리가 갈변하여 수분과 착과를 방해한다. 겉으로 이상이 없어도 밑씨(배주)의 발육이 불량해져 낙과를 유발하고 과실로 발달해도 정상과에 비해 크기가 작아진다.

## 3) 지온이 높으면 생장이 억제된다

지온은 토양 미생물의 활동, 뿌리의 생장과 양수분 흡수력에 영향을 미친다. 블루베리의 뿌리는 7~20℃의 지온에서 생장이 가능하지만 최적의 지온은 14~18℃이다. 20℃ 이상 되면 생장을 멈추고, 균근도 23℃ 이상에서는 활동이 억제된다. 뿌리 생장에 적합한 최적 지온이 형성되는 계절은 봄과 가을이다. 지온의 계절적 변화에 따라 블루베리 뿌리는 6월 초와 9월 초 연간 2번의 활발한 생장(growth flush)이 일어난다. 특히 수확 후에 일어나는 두 번째 뿌리 생장은 나무의 월동 준비에 큰 도움이 된다. 지온 변화에 따른 뿌리의 생장과 양수분 흡수 활동은 생육 단계별 기온의 변화, 착과와 수확에 따른 체내 양분의 집중 등과 함께 작용하여 6월 중순, 8월 중순, 9월 중순에 신초의 1, 2, 3

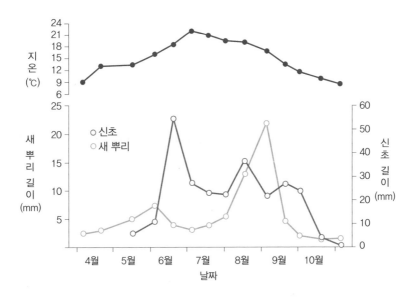

그림 2-22 북부하이부시블루베리의 생장주기, 지온, 신초 신장과 뿌리 신장의 관계

Abbott and Gough(1987)에서 발췌하여 재정리함. 톱밥 멀칭을 했고 지온은 15cm 깊이에서 측정했다.
뿌리 생장 1차 피크 6월 5일, 2차 생장 8월 2일, 2차 피크 9월 5일.
신초 생장 1차 피크 6월 20일, 2차 피크 8월 18일, 3차 피크 9월 20일.
뿌리가 생장 피크를 보이면 뒤이어 신초가 생장 피크를 보인다.

차 생장 피크를 이끈다. 특히 신초는 6월 중순, 뿌리는 9월 초에 눈에 띄는 최고의 생장 피크를 보인다(그림 2-22 참조). 그루 주변의 두꺼운 유기물 멀칭(톱밥, 우드칩)은 토양 수분 유지와 함께 고온기 지온 상승을 억제하여 뿌리 생장을 돕는다.

## 2. 휴면타파에 필요한 품종별 저온요구도가 있다

### 1) 저온요구도의 재배적 의미는

블루베리는 가을에 휴면에 늘어가 겨울 추위를 견디고 이겨낸다. 그리고 월동 중에 일정한 저온조건에서 충분한 시간을 보내야 휴면이 타파되어 이듬해 봄에 눈이 정상적으로 발아한다. 이 과정에서 월동 후 눈의 정상적인 발아와 생장에 필요한 최소한의 저온만남시간을 저온요구도(chilling requirements)라고 한다. 저온요구도는 품종에 따라 다르다. 예를 들어 듀크의 저온요구도는 900시간으로 완전한 휴면타파를 위해서는 900시간 이상 해당 저온에 부딪혀야 한다. 꽃눈과 잎눈의 저온요구도가 다른 경우도 있는데 남부하이부시 품종 가운데 오닐은 꽃눈 400시간, 잎눈 700시간으로 알려져 있다. 저온요구도가 충족되지 않으면 눈의 발아가 늦고 그 후의 생장이 불균일해지는데, 잎눈보다 꽃눈이 더 크게 영향을 받는다. 지역별로 기온이 다르고 그에 따라 누적 저온만남시간이 다르기 때문에 저온요구도를 감안하여 품종을 선택해야 하고, 시설재배에서는 저온요구도를 충족시킨 후에 보온을 시작하는 것이 중요하다. 저온요구도가 0인 품종도 있는데, 이런 품종은 지역에 따라 연 2회 수확도 가능하고, 무엇보다 아열대나 열대지방에서도 재배가 가능하다. 그러나 경제성이 있는 품종은 아직까지 개발되지 않았다.

## 2) 저온요구도, 즉 저온만남시간은 어떻게 적산하나

저온요구도는 온전한 나무 또는 나무에서 잘라낸 가지를 최적의 저온조건에 두었다가 일정한 간격으로 온도가 조절된 온실로 옮겨 꽃눈의 발아 정도를 조사하여 파악한다. 그러나 자연상태에서는 월동 중에 저온을 만나는데 지역에 따라 매일 밤과 낮의 기온 변화가 다르다. 영하의 기온에서 영상의 기온까지 오르고 내리고 한다. 그래서 저온요구도에서 적용하는 저온의 범위와 누적저온만남시간(chilling hours)의 적산방법과 관련하여 다양한 모델이 개발되어 이용되고 있다. 고전적으로는 보통 7℃(45℉, 7.2℃) 이하의 저온에서 만난 시간을 적산하여 나타내지만, 이후 개념이 좀 더 발전하여 0℃ 이하의 온도에서는 저온 효과가 거의 없거나 무시할 정도로 약하기 때문에 0~7℃의 저온에서 만난 시간을 적산하는 것이 일반적이었다. 그러다 연구자들은 최적 저온의 온도 범위를 보다 세부적으로 검토하고, 이 범위를 벗어나면 효과가 감소하며, 크게 벗어나면 효과가 없거나 오히려 축적된 저온 효과가 감소된다는 것을 확인한 후 저온만남시간의 적산에 필요한 온도별 환산단위(CU, chill units)를 설정하였다.

블루베리의 재배종별, 온도별 환산단위로 〈표 2-5〉의 모델을 추천한다. 하이부시는 복숭아에 적용한 유타 모델(Utah model)을 수정하여 1.4℃ 이하, 그리고 영하의 온도에서도 0.5 단위를 적용하였다. 복숭아와 래빗아이에서는 효력이 없는데 하이부시블루베리는 영하의 온도도 저온 효과를 부분적으로 인정한 것이다. 최적 저온은 하이부시 2.5~9.1℃, 래빗아이는 6~15℃로 이 범위에서는 환산단위 1.0을 부여하고, 이 범위에서 벗어나면 저온 효과가 감소하거나 아예 없다고 보고, 특히 고온에서는 저온누적 효과를 까먹는 것으로 보았다. 각각의 해당 온도에서 경과된 시간에 환산단위를 곱하면 적산저온만남시간이 된다. 예를 들어 하이부시의 경우 7℃에서 10시간 경과하면 10×1.0=10시간, 10℃에서 10시간 경과하면 10×0.5 = 5시간, 15℃에서 10시간 경과하면 10×0.0 = 0시간, 20℃에서 10시간 경과하면 10×-1.0 = -10시간이

표 2-5  재배종별, 온도별 저온만남시간 적산에 적용되는 환산단위

| 온도(℃) | 환산단위(CU)[*] | | 온도(℃) | 환산단위(CU)[**] |
| --- | --- | --- | --- | --- |
| | 복숭아 | 하이부시 | | 래빗아이 |
| 1.4 이하 | 0.0 | 0.5 | 2 이하 | 0.0 |
| 1.5~2.4 | 0.5 | 0.5 | 3~5 | 0.5 |
| 2.5~9.1 | 1.0 | 1.0 | 6~15 | 1.0 |
| 9.2~12.4 | 0.5 | 0.5 | 15~18 | 0.5 |
| 12.5~15.9 | 0.0 | 0.0 | 19~21 | 0.0 |
| 16~18 | −0.5 | −0.5 | 22~24 | −0.5 |
| 18 이상 | −1.0 | −1.0 | 25 이상 | −1.0 |

CU : chill units
[*] Norvell and Moore(1982)에서 인용함.
[**] Spiers(1976)에서 인용함.

된다. 이런 방식으로 특정 기간 내의 적산 저온만남시간을 환산할 수가 있는데, 중요한 것은 이 기간 중에 일단 800시간 이상이 축적되면 고온에 부딪혀도 더 이상의 감소는 일어나지 않는다.

실제 저온만남시간은 기상청의 지역별, 시간별 기온을 활용하여 직접 또는 적산계산기(chill calculator)를 사용하여 계산할 수 있다.

## 3. 태양광은 생육을 이끄는 원동력이다

태양광, 즉 햇빛은 생육에 필요한 주요 에너지원으로 식물의 광합성을 주도하여 생육을 이끌며, 꽃눈 분화, 착색 등에 직접적인 영향을 미친다. 블루베리 생육에 미치는 광환경은 광질(광선의 종류), 광량(광도와 일조량), 일장(낮의 길이)으로 구분한다.

### 1) 광선의 종류별 생육반응이 다르다

식물 생육과 관련되는 광의 종류는 에너지가 큰 것부터 자외선, 가시광선, 적외선으로 나뉜다. 가시광선은 다시 적색에서 자색까지, 무지갯빛 7가지 색으로 세분한다. 이런 식으로 구분되는 광선의 종류에 따라 생육반응이 다르게 나타난다. 예를 들면 광합성은 가시광선 중에서도 적색광과 청색광에서 가장 활발하게 이루어진다. 자외선은 가지의 신장을 억제하고 조직을 단단하게 해주며, 반면 적외선은 가지의 신장을 촉진하고 조직은 부드럽게 만든다. 비닐하우스 내부, 그늘이나 수관 내부, 흐리고 비오는 날에는 자외선이 적고 적외선이 상대적으로 많아 가지들이 도장하는 경향이 있다.

### 2) 블루베리는 높은 광도를 요구하지 않는다

빛의 세기이자 밝기를 광도라고 하는데, 일정한 범위 안에서는 광도를 높여 가면 광합성이 점차 증가한다. 그러다 어느 광도에 이르면 이산화탄소 방출량(호흡)과 흡수량(광합성)이 같아져 겉보기 광합성량이 0이 되는데 이때 광도를 광보상점이라고 한다. 이후 광합성은 계속해서 증가하다가 어느 광도에 이르면 더 이상 증가하지 않는데 이 지점의 광도를 광포화점이라고 한다. 광포화점은 식물에 따라 다르고, 광포화점이 높은 식물은 광도가 높을수록 그만큼 생장에 유리하다고 볼 수 있다. 블루베리의 광보상점은 $50\mu mol/m^2/s$, 광포화점은 $700 \sim 800\mu mol/m^2/s$으로 알려져 있다. 이 수치(광양자단위, PPF)를 관행적으로 많이 사용해 왔던 럭스(lux) 단위로 환산해 보면 광보상점은 2.7klux, 광포화점은 37.8~43.2klux이다. 작물 가운데 광포화점이 높은 것은 80klux(수박), 낮은 것은 20~25klux(머위, 상추, 참다래)이며, 포도가 40klux로 중간 정도이다. 블루베리의 광포화점은 일반 온대과수와 비슷하며, 특별히 높은 광도를 요구하지 않는다.

### 3) 하루 8시간 이상의 일조량이 필요하다

일조량은 잎이나 지표면이 받는 햇빛의 양으로, 보통 하루 중 태양의 복사에너지가 $120W/m^2$를 초과하는 시간으로 나타낸다. 식물의 잎은 자연 일조량이 충분해야 정상적인 생육이 가능한데 최소한 하루 8시간 이상의 일조량이 필요하다고 한다. 일조량이 부족하면 뿌리 생장이 억제되고, 잎이 얇아지고 가지는 웃자라며, 과실의 수확량이 감소하고, 품질도 나빠진다. 그리고 자연광의 30% 이상 차광되면 꽃눈 분화가 안 된다. 나무의 중심과 북측에는 일조 부족으로 생장과 꽃눈 분화가 억제되어 결실이 잘 안 된다. 용기재배를 할 때는 자주 방향을 돌려 햇볕을 골고루 받도록 해 주는 것이 좋다. 특히 잎은 물론이고 과실도 일조량이 충분해야 착색이 양호하고, 무엇보다도 과실 광합성이 촉진된다. 블루베리는 과실 탄수화물의 15%가 과실 광합성 산물인 것으로 알려져 있다. 개화 후 5~10일 동안은 필요한 탄수화물의 85%를 과실 광합성으로 충당하기 때문에 초기 과실 생육에 큰 몫을 담당하고 있다(Birkhold et al, 1992).

### 4) 단일조건에서 꽃눈 분화가 촉진된다

블루베리의 생육은 매일 반복되는 낮의 길이, 즉 일장의 영향도 받는다. 일장은 위도에 따라 다르고 계절적으로 변한다. 온대 과수들은 위도별, 계절별 변하는 일장에 반응하여 휴면과 꽃눈 분화가 일어난다. 특히 꽃눈 분화와 개화는 일장의 영향을 받는데 실제로 일장을 조절할 수 있는 조건에서 블루베리의 일장반응을 조사해 본 바에 따르면 종류에 관계없이 단일조건에서 꽃눈 분화가 촉진되었다. 그리고 장일조건에서는 꽃눈 분화가 억제되는데 16시간 이상의 일장조건에서는 꽃눈 분화가 전혀 일어나지 않았다. 장일조건에서는 꽃눈 분화가 억제되는 대신에 가지 생장이 촉진된다. 우리나라에서는 보통 점차 일장이 짧아지는 여름에서 가을에 걸쳐 꽃눈이 형성되는데, 이 시기는 단일조건이 부여되기도 하지만 수확 이후 활발한 광합성으로 체내의 C/N율이 높아지면서, 이 C/N율 상승이 꽃눈 분화에 부가적인 촉진 요인으로 작용하기도 한다.

### 농사는 하늘이 짓는다

여전히 농사는 하늘에 의존한다. 하늘의 중심에 있는 태양이 날씨를 주도하고 날씨가 농사를 좌우하기 때문이다. 특히 맛있는 과실을 생산하려면 날씨가 받쳐 줘야 한다. 이런 저런 하늘의 변화가 조화를 이루어야 크고 맛있는 과실을 생산할 수 있다. 알맞은 기온, 적절한 햇빛, 때맞춘 비에 밤과 낮의 적당한 기온차가 필요하다. 그런데 이러한 날씨는 수시로 변한다. 변하는 날씨를 인간의 힘으로 어찌할 도리가 없다. 오늘날의 농사는 과학이라고 하지만 자연의 날씨는 조절할 수 없다. 온실과 같은 시설을 이용해도 여전히 날씨의 지배를 받는다. 완전제어형 식물공장이라면 몰라도. 결국 농사는 하늘이 짓는 것이다. 흐리고 비가 자주 오면 과실의 맛이 떨어질 수밖에 없다. 해에 따라 맛이 달라지는 것은 노지나 시설이나 마찬가지이다. 물 주고 비료 주고 가지치기를 하고 온갖 기술을 동원해서 잘 키워도 날씨가 도와주지 않으면 어쩔 수 없다. 그래서 농부는 말한다. '농사는 하늘이 짓는다'라고. 블루베리의 맛은 그해의 날씨가 좌우한다.

## 4. 토양환경이 재배의 성패를 좌우한다

블루베리는 뿌리의 독특한 특성으로 인해 토양 적응폭이 좁고, 토양을 많이 가리는 편이다. 그래서 토양조건이 재배의 성패를 좌우한다고 해도 과언이 아니다. 적합한 토양환경을 이해하고 그러한 환경을 만들고 유지해 주는 일이 무엇보다 중요하다.

### 1) 배수가 잘 되는 토양에서 잘 자란다

토양은 종류에 따라 배수성, 보수성, 보비(비료 지님)성, 뿌리의 발육 상태가 다르다. 블루베리 재배에 적합한 토양은 모래와 점토가 적절한 비율로 함유되어 배수가 잘 되고 통기성이 좋으면서 동시에 적당한 물과 양분을 지닐 수 있는 양토 또는 사양토이다. 적절한 토양에 심어야 하지만 그렇지 못한 경우에는 객토(흙 바꾸기), 유기물 투입, 이랑 높낮이 조절로 토양 조건을 개량해야 한다.

### 2) 유기물이 많은 가벼운 토양을 좋아한다

토양이 가볍다고 하는 것은 유기물 함량이 높다는 것이다. 토양 유기물은 토양의 입단화(작은 알갱이가 모여 큰 뭉치를 만드는 것)를 촉진하여 공극량을 증가시키고, 배수성, 통기성, 보수성을 개선한다. 그리고 양분을 공급하고 보비력을 증대시키며, 생리활성 작용, 완충력을 증대시키고, 미생물의 번식과 활동을 도와준다. 블루베리 재배 토양은 유기물 함량이 5% 이하인 경우는 생육이 불량하며 보통 10% 이상 유지해야 한다. 바크, 톱밥, 왕겨, 파쇄목과 같은 유기물 멀칭과 초생재배는 토양에 유기물을 공급하는 효과가 크다.

### 3) 산성 토양을 좋아하는 호산성 과수이다

토양 산도는 토양용액 중 수소 이온($H^+$) 농도를 의미하며 그 농도는 pH로 나타낸다. 수소 이온 농도가 높을수록 산도는 높아지고 pH 수치는 낮아진다. pH는 1~14까지 나뉘는데 pH 7(중성)을 기준으로 그보다 낮으면 산성, 높으면 알칼리성을 나타낸다. 대부분의 과수류는 약한 산성에서 중성, pH로는 5.5~7.3 범위에서 잘 자란다. 이에 비해 블루베리는 호산성 식물(acid-loving plant)로 매우 강한 산성 토양을 좋아한다. 그래서 하이부시블루베리는 pH 4.3~4.8, 래빗아이는 pH 4.3~5.3의 범위에서 잘 자란다.

### 4) 래빗아이는 토양 적응폭이 상대적으로 넓다

블루베리는 토양 적응폭이 좁다. 그런데 래빗아이는 하이부시에 비해 적응폭이 상대적으로 넓다. 래빗아이는 적정 토양 pH의 범위가 넓고, 뿌리가 상대적으로 넓게 퍼지고 깊게 뻗어 내려가 건조에 견디는 힘이 강하다. 뿌리 세포에 분포하는 철킬레이트환원효소(FCR)나 질산환원효소(NR)의 역가나 철, 질산 등의 무기양분의 흡수력이 클 뿐 아니라 흡수된 무기양분의 동화능력도 크기 때문에 토양 적응폭이 상대적으로 넓다.

# 블루베리는 왜 산성 토양을 좋아하는가

## # 블루베리는 산성 토양에 적응한 식물이다

동일 종, 같은 식물이라도 적응하기에 따라 산성 토양(pH 4.5)에서, 때로는 알칼리성 토양(pH 8.5)에서 잘 자라는데 블루베리는 강한 산성 토양에 적응한 식물이다. 우리나라에 블루베리가 도입되기 훨씬 이전부터 토양학 교재에서는 강산성 토양에서 잘 자라는 특이한 식물로 진달래와 블루베리를 소개했다. 진달래야말로 산성 토양에 적응한 대표적인 식물이다. 우리나라의 산 어딜 가나 진달래를 만날 수 있는데, 산지의 대부분이 강산성 토양이기 때문이다. 진달래과에 속하는 진달래, 블루베리, 여기에 철쭉까지 모두 산성 토양을 좋아하는 호산성 식물로 알려져 있다.

## # 블루베리는 척박한 산성 토양에서도 잘 자란다

산성 토양의 가장 큰 특징은 무기양분(다량원소, 염기)의 유효도가 낮다는 것이다. 특히 질소의 경우는 질산태 질소가 적고 대신에 암모늄태 질소가 많다. 다행히 블루베리는 다량원소의 요구도가 낮고(특히 칼슘과 마그네슘), 질산태보다는 암모늄태 질소를 선호한다. 그리고 호산성 식물은 철을 많이 요구하는데 산성 토양은 철의 유효도가 높아 철분결핍증을 피할 수 있다. 산성 토양에서는 알루미늄과 망간의 유효도가 높아 보통의 작물에서는 과잉해작용이 나타나며, 특히 알루미늄 용출이 많아 뿌리 생장을 저해하고 양수분 흡수를 방해한다. 그런데 블루베리는 고농도 알루미늄 독성에 대한 내성이 강하고, 뿌리에 공생하는 균근이 그 독성을 약화시킨다.

## # 산성 토양에는 블루베리가 좋아하는 암모늄태 질소가 많다

블루베리는 호(好)암모니아성 과수이다. 암모늄태 질소를 좋아하는데, 산성 토양에는 암모늄태 질소가 안정적으로 많이 존재한다. 암모늄태 질소를 질산태로 바꿔 주는 세균인 질산화성균은 중성(pH 6.8~7.3) 토양에서 잘 자라고, 산성 토양에서는 번식과 생장활동이 둔화되는데, 특히 pH 6.0 이하에서는 아예 멈춰 질산화작용이 정지된다. 그래서 산성 토양은 블루베리가 좋아하는 암모늄태 질소를 많이 함유하고 있다. 그리고 뿌리가 암모늄태를 흡수하면 수소 이온을 방출하여 근권 토양 pH를 낮추고, 질산태를 흡수하면 수소 이온을 동반 흡수하여 pH를 높인다. 산성 토양에서는 암모늄태 질소가 안정화되어 많이 분포하고, 그 암모늄태 질소를 흡수하면 뿌리 주변의 산도를 높일 수 있어 이래저래 블루베리 생육에 유리하다.

## # 산성 토양에서는 미생물이 블루베리에 유리하게 작용한다

진균(사상균, 곰팡이)은 산성, 중성, 알칼리성을 가리지 않고 어떤 토양에서도 잘 번식한다. 블루베리 뿌리에 공생하는 균근은 진균의 일종으로 산성 토양에서도 활발하게 활동하여 블루베리의 양수분 흡수에 도움을 준다. 반면에 방선균과 세균은 중성 부근에서 잘 자라고 산성 토양에서는 번식과 활동이 크게

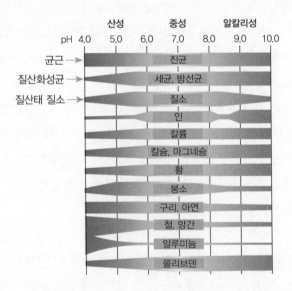

**토양 pH에 따른 주요 무기성분과 미생물의 유효도**
그림에서 밴드의 넓이는 유효도의 크기를 나타낸다.

떨어진다. 방선균은 세균 중에 덩치가 가장 큰 세균으로 진균과 형태적으로 유사한 점이 많아 진균과 세균의 중간적 미생물로 취급하기도 한다. 이 방선균은 pH 5.0 이하에서, 보통 세균은 6.0 이하에서 생육활동이 뚝 떨어진다. 다만 세균 가운데 황산화 세균은 강한 산성에서도 잘 견딘다. 이에 따라 산성 토양에서는 질산화작용이 멈춰 암모늄태 질소를 안정화시키고, 유기물을 오래 간직할 수 있으며, 황의 산화가 잘 일어나 토양 pH를 낮춰 블루베리 생육에 유리하다.

## 우리나라 토양의 pH와 블루베리 재배

토양은 모암(흙을 탄생시킨 어미바위), 기후, 지형 등에 따라 토양반응(산성이냐, 알칼리성이냐)이 결정된다. 우리나라는 대부분의 모암이 산성 토양을 만드는 화강암이고, 특정한 계절에 강우가 집중되고, 경사진 곳이 많아 알칼리성 무기원소가 쉽게 빠져나가기 때문에 산성 토양이 많다. 해안지대의 간척지, 바닷물이 들어오는 지역, 일부 석회암지대(문경, 단양, 영월, 삼척, 정선)를 제외하면 내륙 지방 대부분의 토양이 산성이다. 농촌진흥청이 조사한 바에 따르면 우리나라 석회암 지대의 토양 산도는 pH 7.5의 약알칼리성이고, 화강암 지대는 pH 5.0 전후의 강산성이다. 특히 화강암 지대의 산지는 pH 4.7, 논과 밭은 pH 5.5 정도이다. 그래서 블루베리를 산지 처녀지에 재배하는 경우, 특별한 토양이 아니면 pH 관리에 신경 쓰지 않아도 된다. 유기물만 충분하다면 피트모스와 같은 별도의 수입 유기물(산성)을 사용할 필요가 없다. 그러나 현실적으로는 대부분 논과 밭에 블루베리를 식재한다. 오랜 기간 작물을 재배하던 경작지는 산지와는 다르게 pH가 높다. 일반 작물은 pH 5.5 이상, 주로는 6.5~ 7.0, 즉 약산성에서 중성인 토양에서 잘 자란다. 그래서 우리나라 농경지는 오래전부터 산성 토양을 개량하는 것이 국가적인 과제였다. 매년 논밭을 경운할 때마다 석회를 시용하여 토양 pH를 올려 왔다. 여기에 두엄과 화학비료를 반복적으로 투입하여 토양 pH가 점점 더 올라갔다. 부지런한 농부의 밭은 pH가 6.5 이상이다. 이런 토양에 호산성 작물인 블루베리를 재배하려다 보니 오히려 pH를 낮추어야 하는 일이 발생했다. 토양 pH를 낮추기 위해 석회 대신 황가루를 시용하고, 나아가 피트모스라고 하는 산성 유기물을 사용하고 있다. 그러다 보니 우리나라에서는 피트모스가 블루베리 농사의 필수 자재로 알려져 있다. 그러나 블루베리는 토양의 pH가 낮고, 물 빠짐이 좋고 유기물만 적당히 함유되어 있으면 피트모스 없이 얼마든지 재배할 수 있다. 피트모스는 유기물로서의 가치가 크며 토양 pH 교정 효과는 크지 않다. 실제로 피트모스로 조성한 블루베리 과원의 토양 pH는 시간이 지나면 금세 원래 상태로 높아지는 것을 볼 수 있다. 그래서 적절한 주기로 황가루를 투입하여 적정 pH를 유지해 주어야 한다.

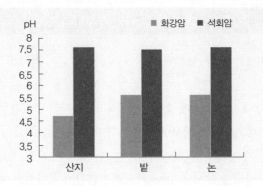

▌ 우리나라 산지와 농경지의 평균 pH(2003, 농촌진흥청)

# 3장

# 개원 준비,
# 적지와 품종을 선정하고
# 묘목을 챙긴다

‘공부 많이 하고 철저히 준비하자’

과수는 영년생이기 때문에 시작이 잘못 되면 두고두고 후회한다.

그래서 사전에 공부를 많이 하고 이것저것 준비해야 한다.

성공한 농가를 찾아가 견학하고 실습할 수 있으면 좋다.

훌륭한 멘토를 찾아 그의 경험을 전수받을 수 있으면 더할 나위 없이 좋다.

## 3.1. 농원의 적지를 선정한다

블루베리는 겨울 바람과 추위가 심한 일부 산간 지역을 제외하면 전국 어디에서나 재배가 가능하다. 다소 부족한 곳이라도 품종과 재배방식을 잘 선택하면 충분히 재배할 수 있다. 그래도 선택의 여지가 있다면 기후나 토양, 그밖의 여러 조건을 따져 보고 적지에 심는 것이 좋다.

### 1. 기후적 측면

햇볕이 잘 드는 양지 바른 곳으로 일조량이 많고 일조시간이 길수록 좋다. 동해나 냉해 또는 건조해를 피해야 하기 때문에 따뜻하면서도 바람이 심하지 않아야 한다. 그리고 더위에 약하기 때문에 한여름 날씨가 상대적으로 시원한 곳이 좋다. 그래서 평지보다는 해발이 높은 준고랭지가 유리하다.

### 2. 토양적 측면

지하수위가 낮고 적당한 경사가 있고 모래가 적절히 함유되어 배수가 잘되는 사질양토가 좋다. 여기에다 유기물이 많아 가볍고 토양 pH가 5.2 이하로 낮은 산성 토양이 유리하다. 이런 점에서 마사토로 이루어진 산간지는 적지 중의 적지이다. 기존의 논밭은 pH가 높아 적절한 수준으로 낮춰야 한다.

### 3. 관수적 측면

농사에 필요한 물을 확보해야 한다. 주로 지하수를 이용하는데 수량이 충분한지 수질은 문제가 없는지 확인해야 한다. 특히 수질검사를 해보고 나트류, 붕소, 칼슘 함량이 높고 pH가 높으면 좋지 않다. 염소가 300ppm 이상이고 염류 농도가 0.8dS(0.1%) 이상이면 관수용으로 부적절하므로 재검토한다.

## 4. 생물적 측면

블루베리 재배에서 고려해야 하는 생물이 있다. 각종 곤충(익충과 해충), 새, 두더지, 고라니, 토끼, 멧돼지 등의 피해가 나타난다. 해충이나 동물의 출몰이 유난히 심한 지역은 가급적 피하는 것이 좋다. 야생동물의 피해를 막기 위한 비용이 추가로 발생하기 때문에 경영적으로 불리할 수 있다.

## 5. 사회적 측면

노동력을 쉽게 구할 수 있어야 한다. 수확에 일시적으로 많은 노동력이 요구되므로 인력을 제때 구할 수 없으면 치명적 손실을 입는다. 농장은 필요한 자재의 운반, 택배 차량의 출입 등이 용이해야 한다. 그리고 현장판매, 체험농장 운영 등을 고려한다면 도시 근교나 유명한 관광지 주변이 유리하다.

### 잘 만난 멘토, 성공 농사의 보증수표

초보 농부에게 성공한 선배 농부의 조언은 큰 도움이 된다. 필요한 가르침과 도움을 주는 스승 같은 선배 농부를 우리는 멘토라고 한다. 블루베리 농사에는 그런 멘토 역할이 더없이 중요하다. 가능하다면 개원에 앞서 멘토를 찾아나서길 권한다. 훌륭한 멘토를 만난다는 것은 쉬운 일이 아니다. 열심히 발품을 팔고 수소문해서 개인적으로 찾는 경우도 많다. 이런 경우 찾아가 문전박대를 당하기도 한다. 그 사람이 진정 훌륭한 멘토라고 확신이 가면 삼고초려를 해서라도 멘토로 삼아야 한다.

지역에 따라서는 농사 멘토링 제도를 운영하고 있는 경우도 있다. 멘토와 멘티들에게 일정액의 정착지원금을 지원해 주는 지역도 있다. 농업기술센터 영농상담실을 방문하면 관련 정보를 얻을 수 있고, 시나 군별로 블루베리연구회를 찾아가 도움을 요청할 수도 있다. 열심히 노력하여 훌륭한 멘토를 만나게 되면 시행착오 없이 블루베리 농사에 성공할 수 있을 것이다. 블루베리 농가들의 성공담에는 거의 예외 없이 멘토 이야기가 나온다. 멘토 덕분에 성공했다는 이야기와 함께 좋은 멘토와의 만남을 천운이라고 생각하는 농가도 있다. 반면에 실패담에서도 가끔 멘토가 등장한다. 멘토를 잘못 만나 큰 고초를 겪은 사람도 있다. 훌륭한 멘토와의 만남이 얼마나 중요한지를 일깨워 주는 사례이기도 하다.

## 3.2. 농원 예정지는 미리 관리해 주면 좋다

농원으로 예정된 땅은 물 빠짐을 좋게 하고 흙을 가볍게 만들고 산도를 조절해 준다. 이를 위해 재식 1~2년 전에 심토 파쇄, 녹비작물 재배, 유기물 투입, 황가루 살포 작업을 순차적으로 한다. 예정지 관리를 미리 하면 좋은데 대부분 이 과정을 생략하고 있다.

### 1. 배수성을 조사하고 필요하면 대책을 세운다

농원 예정지 토양의 배수 상태를 점검한다. 먼저 비가 오는 날 물이 잘 빠지는지 관찰하고, 아니면 적당한 깊이의 구덩이를 파고 물을 가득 채운 후 반일 정도 지나 물이 남아 있나 살펴본다. 만약에 물이 남아 있지 않으면 배수에

**그림 3-1**  산지의 마사토와 논 토양에 마사토 넣기

우리나라 화강암 지대의 마사토는 물 빠짐이 좋고 pH가 4.8 전후로 낮아 블루베리 재배에 알맞다. 물 빠짐이 안 좋은 논을 이용하는 경우에는 마사토를 1m 이상 넣어 토양을 바꾸어 재배한다.

문제가 없다. 하루가 지나도록 물이 그대로 남아 있다면 배수에 문제가 있다고 보고 대책을 마련한다. 지형과 경사도를 고려하여 충분한 배수로를 만들어 주고, 지하수위가 높거나 배수성이 심하게 나쁜 습지의 경우는 지하에 지름 10cm의 유공관을 묻어 물이 빠지도록 해 준다. 유공관 매설 간격은 재식거리에 준하고, 깊이는 지하수위가 높은 경우는 지하 1m, 물 빠짐이 안 좋은 토양은 지하 40cm 깊이에 설치한다. 물이 잘 흐르도록 경사지게 매설해야 하는데 50m당 20cm 내외의 경사 구배를 둔다. 특히 논 토양은 중점질 토양이므로 배수가 매우 불량하다. 논 토양에 블루베리를 심을 경우는 마사토와 같은 배수성이 좋은 토양으로 객토를 해 주면 좋다(그림 3-1 참조). 또한 논에서는 이랑을 높이 만들고 고랑의 경사 구배를 적절하게 만들어 물이 고이지 않도록 해 주어야 한다.

## 2. 유기물을 공급하여 토양을 가볍게 만든다

블루베리는 배수가 잘 되고 통기성이 좋은 가벼운 토양에서 잘 자란다. 그래서 예정지 관리 가운데 하나가 유기물을 투입하여 토양을 가볍게 만들어 주

| 표 3-1 | 녹비작물의 종류별 파종시기와 파종량 | | |
| --- | --- | --- | --- |
| 작물 | 파종시기(월) | 파종량(kg/300평) | |
| 켄터키블루그래스 | 8~9 | 3 | |
| 톨페스큐 | 8~9 | 3 | |
| 수단그래스 | 5월부터 | 3~5 | |
| 호밀 | 9~10 | 10~15 | |
| 들묵새 | 9~10 | 3~4 | |

파종 전에 잡초를 제거하고 적절한 양수분을 유지시켜 준다.
개화 전 예초하고 트랙터로 경운하여 토양 10cm 층에 혼입시킨다.

는 것이다. 이렇게 하면 토양 공극이 많아지면서 배수성과 통기성이 좋아진다. 유기물 투입의 1차적 방법으로 토양을 깊이 갈고(가능하면 심토파쇄기로 경반층을 파헤침) 1~2년 정도 녹비작물을 재배한다. 예를 들면 호밀, 자운영, 헤어리베치, 켄터키블루그래스, 톨페스큐, 수단그래스, 들묵새 등을 재배하다가 개화 전에 예초한 후 관리기로 로터리하여 토양에 넣어 주거나, 적당히 자라면 그대로 밭을 갈아엎는다. 그리고 그 위에 다시 우드칩(파쇄목), 수피, 피트모스, 왕겨, 톱밥 등의 유기물을 두께 10cm 정도로 덮은 다음 황가루를 뿌리고(표 3-1 참조) 관리기로 토양 10cm 층과 잘 혼합한다. 이때 황가루가 황산화 세균에 의해 황산으로 변하는 데 4~6개월 정도 소요된다는 점을 감안하여 잘 부숙된 유기물을 사용할 경우에는 6개월 후에, 신선한 유기물은 1년 이상 부숙시킨 후 식재하는 것이 바람직하다. 녹비작물을 재배하면 좋지만 상황에 따라 생략하고 유기물만 투입하기도 한다(그림 3-2 참조).

## 3. 토양의 산도는 pH 4.5를 목표로 조정한다

블루베리는 산성 토양에서 잘 자란다. 먼저 예정지의 pH를 측정하여 산도를 확인해야 한다. 개별 농가에서 리트머스 시험지, 휴대용 pH 측정기 등을

**그림 3-2** 유기물 투입

소나무 수피, 톱밥, 황가루를 전면에 살포한 후(왼쪽) 깊이 경운하고(가운데) 토양과 유기물이 충분히 혼입되도록 로터리를 쳐준다. 6개월 이상 지난 후 묘목을 심는 것이 바람직하나 곧바로 심어도 큰 문제는 없다.

* 사진 출처 : 현상대(아산 베리팜)

이용할 수도 있지만, 토양시료를 채취하여 근처 농업기술센터에 분석을 의뢰하면 시비처방서를 발급해 준다. 이 처방서에는 토성과 pH가 적시되어 있다. 우리나라는 경작지 토양을 이용하는 경우가 많은데 대부분의 논과 밭, 과수원은 pH가 6.5 전후이다. 따라서 블루베리 재배에 적합한 pH 4.5 수준으로 낮춰야 한다. 토양 pH를 낮추는 데에는 황을 사용한다. 예정지 토양 전면에 유기물을 피복한 직후 바로 황가루를 살포하고 경운하면 토양 중에 황산화 세균이 작용하여 토양이 서서히 산성화된다. 토양 온도가 12℃ 이상 되고 수분이 적절하면 pH가 목표 수치로 변하는 데는 약 4~6개월이 소요된다. 예정지 토양의 pH를 충분히 조정해 준 다음에 블루베리를 식재해야 한다. 토양 pH를 4.5로 낮추는 데 필요한 황 시용량은 〈표 3-2〉와 같다. 토양의 종류에 따라 시용량이 다른데 예를 들어 pH 6.5인 토양이라면 사양토는 300평(10a)당 153kg을 살포해 준다. 황가루 외에도 황산, 구연산 등을 투입할 수도 있지만 가격이 비싸고 다루기가 불편하여 개원 전 예정지 관리에서는 쓰이지 않는다. 토양은 완충능이 크기 때문에 pH가 쉽게 변하지 않으며, 환경조건에 따라 시용 효과

| 표 3-2 | 토양 pH를 4.5로 낮추는 데 필요한 황 시용량(kg/10a) | | | | |
|---|---|---|---|---|---|
| 현재 토양 pH | 사토 | (사양토) | 양토 | (식양토) | 식토 |
| 4.5 | 0 | 0 | 0 | 0 | 0 |
| 5.0 | 20 | 40 | 60 | 76 | 91 |
| 5.5 | 40 | 80 | 119 | 150 | 181 |
| 6.0 | 60 | 118 | 175 | 219 | 262 |
| 6.5 | 75 | 153 | 230 | 287 | 344 |

농촌진흥청(2008)에서 재인용함. 사양토와 식양토의 경우는 원래 표에 없었는데, 사토와 양토, 양토와 식토의 중간 수치를 임의로 환산하여 넣었다.

그림 3-3　입상 과립 황가루

토양 pH를 낮추기 위해 사용하는 황가루는 공중에 쉽게 날리기 때문에 입상 과립으로 만들어 사용하고 있다.

그림 3-4　황가루와 왕겨 살포

예정지 관리가 안 된 경우에는 황가루와 왕겨를 전면에 골고루 살포하고 바로 경운하여 이랑을 조성한다.

가 달라진다는 점도 유의해야 한다. 그리고 외국의 경우이지만 특이하게도 피트 토양과 같은 극산성 토양에서는 오히려 pH를 높이기 위해 석회를 시용하는 경우도 있다.

## 3.3. 품종을 신중하게 선택한다

품종은 기상조건, 재배방식, 경영형태를 고려하고 내한성, 수확기, 과실의 맛 등을 기준으로 선택한다. 잘못 선택하면 두고두고 후회하며 큰 손실을 입을 수 있다. 이것저것 꼼꼼히 따져 보고 신중하게 결정한다. 성공한 이웃 농가의 추천을 참고하는 것도 좋다.

과수는 한 번 심으면 수십 년 동안 재배가 이어지므로 품종 선택에 신중해야 한다. 수많은 품종 가운데 어떤 품종을 선택할지는 쉬운 일은 아니지만 이웃 농가의 추천, 보편적으로 많이 재배되는 것을 선택하는 것이 무난하다. 그렇지만 남보다 앞서가려면 새로운 품종에도 관심을 가져야 하며, 앞서 도입하면 그만큼 경쟁력이 커진다. 품종을 선택할 때 고려해야 할 점은 내한성, 저온요구도, 수확기, 과실 크기, 맛(풍미) 등이다. 이러한 기준을 지역의 기상조건, 재배방식, 경영형태에 따라 적절하게 적용하여 선택한다.

### 1. 기상조건, 내한성, 저온요구도를 고려한다

북부하이부시 품종들은 내한성이 강해 우리나라 전국 어디서나 재배가 가능하지만 남부하이부시와 래빗아이는 내한성이 약해 남부 지방이나 제주 지역에서 주로 재배한다. 그리고 종내에서도 품종별로 내한성이 다른데 북부 산간지대나 고랭지에서 재배하는 경우는 가능하면 내한성이 강한 품종을 선택해야 한다. 블루베리는 월동 중 충분한 저온에 노출되어야 이듬해 꽃눈과 잎눈의 발아가 정상적으로 이루어진다. 이때 저온요구도(저온축적시간)는 0~1,200시간까지 품종별로 다르다. 남부하이부시와 래빗아이는 저온요구도가 작고, 북부하이부시는 저온요구도가 상대적으로 크다. 저온요구도가 충족되지 않으면 눈의 발아가 늦어지고 그 후의 생육이 억제된다. 우리나라의 경우는 저온요구도를 충족시키지 못해 재배가 어려운 품종은 없지만 하우스 시설재배에서는 문제가 되기도 한다.

## 2. 재배방식, 수분양식, 경영형태를 고려한다

시설재배를 할 경우는 저온요구도를 감안한 품종 선택이 필요하다. 지역의 기상조건, 하우스 피복시기, 가온이나 보온시기를 고려하여 저온요구도를 충족시킬 수 있는 품종을 선택해야 한다. 수분양식은 자가수분과 타가수분으로 구분되는데, 블루베리는 타가수분을 하는 것이 유리하다. 특히 래빗아이는 타가수분이 이루어져야 하기 때문에 수분용 품종을 선택하여 섞어 심어야한다. 하이부시는 자가수정률이 높기 때문에 한 가지 품종을 재식해도 문제가없다. 한 품종을 심으면 관리, 수확, 유통 등이 간편하다는 장점도 있다. 그러나 경영방식과 재배 목적을 고려하여 다양한 품종을 선택하는 것이 유리할 수있다. 국내의 경우는 주로 생과를 수확하여 시장에 출하하지만 일부 관광 체험 위주의 농원도 있고 도시원예, 관상원예 형태로 재배하는 경우도 있다. 따라서 각각의 경영 형태에 적합하게 하나 또는 여러 품종을 선택한다.

## 3. 과실의 숙기, 크기, 맛, 경도를 고려한다

북부하이부시는 남부하이부시나 래빗아이에 비해 숙기가 빠르다. 품종별로도 과실의 성숙기를 기준으로 크게 조생종, 중생종, 만생종으로 나뉜다. 일반적으로 만생종일수록 개화가 늦고 개화 후 성숙에 이르는 기간이 길다. 일반 농가에서는 수확기의 노동력을 분산하고 출하기간을 늘리기 위해 조생종에서 만생종까지 품종을 골고루 선택한다. 그러나 우리나라의 기상조건으로 볼 때 조생종이 만생종보다 유리한 점이 많다. 조생종은 장마기 이전에 수확하기 때문에 피해를 줄일 수 있고, 주변에 먹이 열매가 많아 조류 피해를 줄일 수 있으며, 조기 출하에 따른 가격경쟁도 유리하고, 혹서기의 고온 피해를 줄일 수 있다는 장점이 있다. 시장에서 가격차별화에 미치는 것 중에서 중요한 요소로 맛보다 우선하는 것이 크기이다. 품종별로 과실 크기가 소, 중, 대로 나뉘는데 대립과를 선호하지만 뛰어난 맛과 기능성 때문에 중·소립과를 선택하는 경우도 있다. 크기와 함께 맛과 풍미는 중요한 선택 기준이다. 육성된 품종은 대부분 맛이 어느 정도 검증된 것들이지만, 품종 간에 당도, 풍미, 당산

**그림 3-5** 품종 간의 동해 차이

노지에서 용기재배를 하면 동해에 취약하다. 같은 조건에서 듀크(사진의 왼쪽)는 피해가 없는데 레거시(사진의 오른쪽)는 동해를 심하게 입었다. 레거시는 북부종이냐 남부종이냐 하는 논란이 있다.

비 등의 차이가 있다. 소비자 선호도를 고려한 품종 선택도 고려해야 한다. 과실의 품질, 유통과 저장에 관여하는 또 하나의 요소가 경도이다. 과실의 경도는 단단한 정도로 식감을 좌우하고 무엇보다 보존성에 영향을 미친다. 과실의 경도 역시 품종 간에 차이가 있으므로 품종을 선택할 때 신경 써야 한다.

**표 3-3** 종별, 숙기별 국내 재배 주요 품종

| 종별 | 수확기 | 주요 품종(재배면적 순) |
|---|---|---|
| 북부하이부시 | 조생종(6월 상순~하순) | 듀크, 패트리어트, 누이, 한나초이스, 얼리블루, 챈티클리어, 레카 |
| | 중생종(7월 상순~중순) | 드래퍼, 블루크롭, 챈들러, 블루레이, 블루제이, 스파르탄, 선라이즈, 에코타, 시에라, 토로, M7, 원더풀 |
| | 만생종(7월 하순~8월 중순) | 브리지타, 리버티, 엘리자베스, 엘리어트, 넬슨, 블루골드, 코빌, 저지, 루벨 |
| 남부하이부시 | 조생종(6월 상순~중순) | 스타, 오닐, 수지블루, 신틸라, 매도우락, 에메랄드, 스프링하이, 레벨, 프리마돈나 |
| | 중생종(6월 하순~7월 상순) | 뉴하노버, 레거시, 미스티, 샤프블루 |
| | 만생종(7월 중순~하순) | 파딩 |
| 래빗아이 | 조생종(8월 상순) | 타이탄 |
| | 중생종(8월 중순) | 브라이트웰, 콜럼버스, 우다드, 홈벨 |
| | 만생종(8월 하순) | 파우더블루, 후쿠베리, 티프블루 |

┃ 내한성이 특히 강한 품종 : 듀크, 블루크롭, 블루레이, 스파르탄, 패트리어트

**표 3-4** 국내 재배 품종 Top 10

| 종별 | 품종(재배면적 순) |
|---|---|
| 북부하이부시 | 듀크, 드래퍼, 블루크롭, 브리지타, 챈들러, 블루레이, 블루제이, 스파르탄, 리버티, 엘리자베스 |
| 남부하이부시 | 스타, 오닐, 수지블루, 신틸라, 뉴하노버, 레거시, 메도우락, 에메랄드, 스프링하이, 레벨 |
| 래빗아이 | 파우더블루, 후쿠베리, 브라이트웰, 콜럼버스, 타이탄, 티프블루 |

┃ 블루베리뉴스레터 43호(2020)에서 발췌함. 래빗아이는 국내 일부 지역에서 제한적으로 재배되고 있다.

**그림 3-6** 북부하이부시블루베리 몇 가지 주요 품종

① 블루크롭, ② 선라이즈, ③ 블루제이, ④ 엘리자베스.

## 최고의 인기 품종 북부하이부시 '듀크' 이야기

'블루베리'라고 하면 미국을 빼놓고 이야기할 수 없다. 미국은 블루베리 생산과 소비 1위 국가이다. 미국은 자생하는 야생 블루베리를 재배화하여 오늘날의 블루베리로 발전시켰다. 그 과정에서 기초연구와 함께 수많은 품종을 육성하였다. 특히 농무성과 뉴저지농업시험장은 초창기 블루베리 품종 육성의 중심 역할을 했는데, 북부하이부시의 주요 품종이 대부분 이곳에서 육성되었다. 루벨(1911), 저지(1928), 코빌(1949), 얼리블루(1952), 스파르탄(1978), 듀크(1986), 블루골드(1988) 등 기라성 같은 고전적 품종이 모두 이곳에서 육성되었다. 이 품종들은 한국에도 상륙하였다. 그리고 성공적으로 정착하여 재배되고 있는데, 그 가운데 '듀크'의 인기가 하늘을 찌를 듯 높다.

원래 듀크는 과실의 품질면에서 최상급의 품종은 아니다. 크기도 중대립과로 아주 큰 편도 아니고 맛도 최우수를 10으로 봤을 때 8~9 정도로 평가받고 있다. 우리나라에서는 한때 특정 지역에서 지지리 못난 품종으로 취급받은 적도 있다. 맛이 없어 시장에서 블루베리 망신은 듀크가 다 시킨다고까지 했다. 그런 듀크가 중북부 지역에서는 대접이 달랐다. 해가 거듭될수록 관심과 인기가 높아만 갔다. 과실의 맛이나 크기가 다른 품종에 크게 뒤지지 않고, 무엇보다 재배가 쉽고 무난하다는 평이 나돌았다. 동해가 심했던 어느 해에는 듀크를 심은 농장만 돈 벌었다는 이야기도 있었다. 듀크에 대한 평판이 좋아지면서 너도 나도 듀크로 품종을 갱신하는 붐이 일어났다. 묘목이 불티나게 팔리고, 품귀 현상도 나타나면서 진짜 듀크, 가짜 듀크, 신종 듀크까지 나돌았다.

한 품종의 특성은 지역별 기후나 토질, 재배기술에 따라 다르게 나타날 수 있다. 앞서 듀크가 제대로 특성을 발휘하지 못한 것은 재배방식에 문제가 있었기 때문인 것으로 보인다. 듀크는 우리나라 기후에 적합한 품종이다. 조생종으로 6월 초순~중순이면 수확을 시작한다. 본격적인 더위가 오기 전에 성숙하고, 장마가 오기 전에 수확이 끝난다. 듀크는 새와의 싸움에서도 유리하다. 듀크가 익을 무렵에는 새들이 좋아하는 익숙한 열매가 주변에 많아 블루베리 밭은 쳐다보지도 않는다. 그래서 듀크는 방조망 없이도 재배가 가능하다. 지역과 해에 따라 새들의 피해가 다소 있기는 하지만 무시할 정도이다. 그리고 듀크는 수관이 복잡하지 않고 흡지도 많이 나오지 않아 전정도 쉽고 나무 관리도 편하다. 이처럼 듀크의 인기는 상대적으로 재배가 쉽고 안정적인 수확이 가능하다는 데서 비롯된 것이다.

아무튼 우리나라는 지금 듀크가 대세이다. 가장 인기 있는 품종으로 자리매김한 지도 꽤 됐다. 당분간 듀크의 인기는 이어질 것으로 보인다. 한편으론 듀크의 인기 열풍이 은근히 걱정스러운 면도 없지 않다. 지나치게 한 품종에만 집중하다 보면 블루베리 산업의 완충력이 약해질 수 있다. 소비자들도 다양한 맛을 선택하고 경험할 수 있어야 하는데 자칫 듀크의 맛이 블루베리 맛으로 고착화될 수도 있다. 시장이나 마트에서도 초여름 반짝 등장했다가 사라지는 과실이 될까 봐 걱정이다. 이 때문에 조생종에서 만생종까지 지역과 재배방식에 맞는 다양한 품종을 재배하는 것이 바람직하다. 개별 농가의 입장에서도 듀크만 고집하기보다는 다른 품종을 몇 가지 더 심는 것이 좋다. 품종 간에 타가수정을 유도하여 더 크고 맛있는 과실을 생산할 수 있고, 블루베리의 참맛도 느낄 수 있다. 더불어 이런 저런 품종을 거느려 봐야 농사의 아기자기함을 누릴 수 있다.

■ 북부하이부시 품종 '듀크'

## 송이째 수확하는 품종 '원더풀'

### 신품종 '원더풀'의 선발 경위

1998년 이병일 명예교수(당시 서울대 원예학과 교수)가 양재동 나무시장에서 품종명이 불분명한 블루베리 실생묘(종자번식묘)를 구입하여 식재하였다. 그 후 수년에 걸쳐 생육상태를 관찰하던 중 나무의 여러 가지 형질이 우수하여 재배 가치가 있다고 판단하여 '원더풀'이라는 이름을 붙였다. 이 원더풀은 형태와 기타 형질이 블루골드와 유사한 점이 많아 블루골드 종자로 번식한 실생묘 중 하나라 추측하였다. 그리고 블루골드와 유전적으로 어느 정도의 차이가 있는지를 확인하기 위해 2016년 국립종자원에 DNA 분석을 의뢰하였다. 결과는 두 품종의 유사도가 약 75%이고, 25%는 상이하다는 결과를 얻어 원더풀과 블루골드는 유전적으로 다르다는 사실이 과학적으로 밝혀져 신품종으로의 입지를 굳히게 되었다.

### '원더풀'의 중요한 특징 관찰

원더풀 품종의 수형은 반개장형이고 수고는 1.5m 전후이다. 잎은 두껍고 농녹색이고 모양은 난형이며, 엽연(잎테두리)은 둔한 톱니형이다. 과실의 크기는 중대립이고 과피에는 과분이 많고 과피색은 농청색이다. 그리고 과육이 단단하고 과병흔은 중 정도이다. 맛은 단맛과 신맛이 균형을 이루어 풍미가 좋은 편이다. 수확기는 조중생으로 중부 지방에서는 6월 하순부터 수확이 시작되며 수확 기간은 1개월 정도로 길어 비가림 재배하는 것이 좋다. 이 품종은 착화와 착과가 많은 편이므로 전정 시에 다소 강전정을 하는 것이 좋으며 개화 후 적절하게 적화를 해 주는 것이 좋다. 내한성은 강한 것으로 판단되며 수원 지방에서 노지 월동을 시켜도 전혀 동해를 입지 않았다. 한 재배 농가의 경험에 따르면 토양 적응력이 커서 배수 불량토에서도 잘 견디는 것으로 알려져 있다.

### 송이째 수확기술 개발

여주 소명농원의 이연우 대표는 이병일 교수로부터 다양한 품종을 분양받아 식재하고 관찰하였다. 여러 품종 가운데 원더풀 품종을 특별히 주목하게 되었다. 무엇보다도 원더풀 품종은 송이째로 수확이 가능하다는 사실을 발견하였다. 다른 품종에 비하여 과실 착색이 빠르고, 녹색에서 바로 빠르게 보라색으로 변색되면서 송이 전체가 착색되는 것을 볼 수 있었다. 그리고 성숙 과정에서 먼저 익은 것이나 나중에 익은 것이나 맛과 경도에서 큰 차이가 없고 송이 전체가 익어가는 과정에서도 낙과나 열과 현상도 나타나지 않았다. 심지어 장마기에도 물러지지 않는다는 것을 발견하고, 송이째 수확하여 저온작업실에서 탈립시켜 상품화해 보았는데 전혀 문제가 없었다. 여기에 부가적으로 송이째 수확하기 위해 결과지를 잘라 여름전정의 효과까지 볼 수 있었다고 한다.

열매송이 전체가 농청색으로 고르게 착색된 모습 | 열매 송이를 결과지를 붙여 수확하는 모습

송이째 수확한 과실을 저온작업실로 반입한 상태 | 송이에서 과실을 하나하나 탈리시키는 모습

\* 사진 출처 : 이연우(여주 소명농원)

## 키우고 보면서 따 먹는 관상용 블루베리

블루베리의 매력 가운데 하나가 뛰어난 관상성이다. 나무, 꽃, 열매를 보고 즐길 수 있는 과수라는 것이다. 이렇게 말하면 사과, 복숭아도 마찬가지 아니냐 고 반문할지 모르겠다. 그렇긴 하지만 블루베리는 관목성으로 키가 작아 정원 화단이나 실내에 반입하여 즐길 수 있다는 점에서 다르다. 생활 주변에 두고 키 우면서 즐기고, 보면서 즐기고, 따 먹을 수 있는 과수가 바로 블루베리이다. 이 런 부분에 초점을 맞추어 육성되었거나 그렇게 이용하고 있는 품종이 몇 가지 있다. 그 가운데 국내에 소개되어 재배하고 있는 것으로 톱해트(tophat), 블로미

돈(blomidon), 핑크레모네이드(pink lemonade)가 대표적이다.

톱해트는 미국 미시건 농사시험장에서 로우부시와 북부하이부시의 교잡후대에서 선발한 품종이다. 관상용으로 키가 30~60cm 정도로 화분에 심어 즐길 수 있다. 자가수정하며 열매는 작지만 달고 단단하여 풍미가 좋다. 블로미돈은 캐나다 캔트빌 농업시험장에서 로우부시의 상업적 재배를 겨냥하여 육성한 최초의 로우부시 품종이다. 키가 30cm 정도로 작고 수세가 좋고 가지가 옆으로 퍼진다. 자가수정하며 과실은 크고 단단하며 풍미가 좋다. 핑크레모네이드는 미국 벨츠빌 농무성시험장에서 래빗아이 딜라이트(delite)와 시험용 블루베리를 교잡하고 그 후대에서 선발 육성한 품종이다. 키는 1.5m 이상 커 실내 반입은 어렵다. 과실은 어릴 때 연녹색을 띠다가 성숙하면 핑크빛을 띤다. 마치 덜

■ 화분 톱해트 생산

■ 아파트 베란다에서 개화한 톱해트

■ 블로미돈의 결실

■ 핑크레모네이드 열매

익은 블루베리처럼 보이지만 단단한 조직감에 레몬맛을 내며 달고 상큼하며 톡 쏘는 맛이 있다. 영양성분과 기능성도 일반 블루베리와 큰 차이가 없다. 래 빗아이에서 유래했지만 자가수정도 가능하며 내한성이 강해 우리나라 어디서 나 재배가 가능하다.

톱해트와 블로미돈은 덩치가 작아 실내 반입이 가능하다. 그런데 실내에서 는 몇 가지 어려움이 있다. 저온요구도를 충족시킬 수도 없고, 기온을 맞춰 주 기도 어렵고, 작은 화분이라 수분관리는 더욱 힘들고 해서 실패하기 십상이다. 여기에다 방화곤충이 없어 수분 수정이 안 되어 열매 달기가 쉽지 않다. 아파트 베란다에서 블루베리 가꾸기는 더 어렵다. 겨울 밤에는 영하의 날씨에 춥고 낮 에는 햇볕이 들면 기온이 급격히 올라간다. 그렇다고 베란다 창문을 열어둘 수 도 없기 때문에 생육 단계별 적합한 기온 유지가 불가능하다. 이런 점을 극복하 기 위한 한 가지 방법은 겨울에는 실외에서 월동시키는 것이다. 이때 겨울 가뭄 에 말라죽지 않도록 관심을 가져야 한다. 화분에 물을 충분히 주어 토양을 얼리 고, 따뜻한 날이 지속되면 가끔 물을 줘야 한다. 월동 후에도 계속 실외에서 키 우다 착과 이후에 실내로 반입하여 즐기는 수밖에 없을 것 같다.

## 3.4. 묘목을 구입한다. 아니면 직접 생산한다

묘목은 신뢰할 만한 곳에서 구입하는 것이 보통이다. 주축지가 2~3개가 발달한 2~3년생 묘목을 구입한다. 시간적 여유가 있으면 직접 묘목을 생산할 수도 있 다. 가장 손쉽게 할 수 있는 실용적인 번식법은 삽목번식이다. 초보 농부라도 얼 마든지 할 수 있다.

## 1. 묘목은 신뢰할 만한 곳에서 구입한다

국내에서 거래되는 묘목은 대부분 포트묘이지만 일부는 묘상에 육묘하여 묘목을 캐 흙을 턴 상태로 거래되는 경우도 있다. 특히 외국에서 수입하는 경우는 반드시 흙을 털어야만 검역과 통관이 가능하다. 묘목을 구입할 때는 다음과 같은 몇 가지 사항을 고려해야 한다.

첫째, 신뢰할 수 있는 곳에서 구입해야 한다. 영년생 과수이기 때문에 식재 후에 문제가 발생하면 피해가 가중될 수 있기 때문이다. 그리고 피해가 발생하면 보상을 받을 수 있어야 한다.

둘째, 품종이 확실하고 바이러스나 병충해를 입지 않는 건전한 묘목이어야 한다. 묘목 상태에서 품종을 구별한다는 것은 사실상 불가능할 뿐만 아니라 바이러스 감염 여부도 확인하기 어렵다.

셋째, 2~3년생으로 초장 40~50cm의 주축지가 2~3개 이상 발달한 것이 좋다. 뿌리 상태가 좋고 포트묘는 분토가 깨지지 않아야 한다. 4년생 이상은 재식 후의 활착, 토양 적응력이 좋지 않다.

**그림 3-7** 비닐 포트에 육묘한 2년생 묘목 '듀크'

사진의 오른쪽에 있는 두 개처럼 주축지가 2~3개 이상 확보된 묘목이 좋다.

## 2. 묘목은 삽목번식으로 직접 생산할 수도 있다

예정지 관리를 하거나 시간적 여유가 있다면 묘목을 직접 생산할 수도 있다. 블루베리 묘목 생산에 이용하는 번식법으로는 삽목번식, 분주(포기 나누기), 종자번식, 조직배양, 접목번식 등이 있지만 가장 널리 이용되는 방법은 삽목번식이다. 삽목은 기술적으로 큰 어려움이 없어 개원을 준비하는 초보 농부도 쉽게 할 수 있다. 블루베리 삽목에는 완전히 성숙한 가지(숙지, 熟枝)를 이용하는 숙지삽목과 미성숙하여 부드러운 풋가지(녹지, 綠枝)를 이용하는 녹지삽목의 2가지 방법이 있다.

### 1) 숙지삽목, 성숙한 휴면가지를 이용한다

#### 가. 삽수는 2월 이후에 채취한다

삽수(꺾꽂이용 가지)는 겨울전정을 할 때 채취한다. 너무 일찍 채취하면 휴면 중이기 때문에 발아와 발근이 잘 안 될 수 있다. 실용적으로는 2~3월에 전정하면서 1년생 가지 가운데 지름이 5mm 정도 되는 충실한 것을 골라서 비닐

그림 3-8 숙지삽목과 녹지삽목

숙지삽목(왼쪽)은 성숙하여 굳은 가지를 이용하고, 녹지삽목은 미성숙하여 부드러운 풋가지를 이용한다.

봉지에 담아 밀봉한 후 저온 저장고에 보관했다가 사용한다. 이때 삽수의 건조를 막기 위하여 물로 분무한 다음에 밀봉한다. 냉장 시설이 없는 경우에는 노지 그늘에 습한 보온덮개를 덮어서 보관하거나 땅속에 묻어 보관해도 된다. 반드시 품종을 확인하고 품종명을 기입해 놓아야 한다.

### 나. 삽목은 벚꽃 필 무렵에 한다

삽목은 지역별로 나무의 눈이 싹트는 시기에 하면 된다. 그래서 보통은 벚꽃이 만개하는 시기에 하는 것이 좋다. 지역과 해에 따라 벚꽃 피는 시기가 달라질 수 있는데, 중부 지방 기준으로 4월 중·하순경이 가장 적합하다. 비닐하우스에서 가온 시설을 이용하는 경우에는 더 일찍 할 수도 있다. 이 경우 삽수는 품종별 저온요구도를 충족시켜야 한다. 저온요구도를 충족시키지 못하고 휴면이 타파되지 않으면 발근율이 떨어지고 생육도 좋지 않다. 이런 점을 감안한다면 2월 중순 이후에 실시하는 것이 바람직하다.

### 다. 삽수는 10cm 길이로 다듬는다

꽃눈 부위와 목질화가 진행된 아래쪽은 발근이 잘 안 되므로 제거하고 그 사이의 중간 부분을 이용한다. 삽수의 길이는 10cm 정도로 하고 잎눈이 4~5개 정도 달리게 하는 것이 좋다. 삽수의 아래쪽 기부는 절단면과 용토와 접촉하는 부분이 많아야 하므로 비스듬히 자른다. 그리고 윗부분은 눈 위 3~4mm 되는 부위를 수평면으로 자른다. 자를 때는 잘 드는 가위로 절단면을 매끄럽게 잘라야 하며, 절단면이 거칠면 발근율이 떨어진다. 삽수는 소독하는 것이 안전한데 벤레이트와 같은 살균제를 800~1,000배로 희석하여 30분 정도 침시한 후 사용한다.

여주 소명농원 이연우 대표에 따르면 삽수를 지름 2~3mm, 길이 5~6cm(이쑤시개 크기) 정도로 하고, 눈을 3~4개 붙이도록 작게 만드는 것이 발근율을 높이고 묘목이 더 건실하다고 한다. 이 경우 100% 피트모스를 삽목 용토로 하고 삽수를 꽂을 때는 길이 2cm 정도에 눈 1~2개 정도 지상으로 나오도록 꼽는다. 녹지삽과 숙지삽에 모두 적용되며 나머지 관리는 일반 삽수를 이용하는 경우와 동일하게 해 준다.

### 라. 용토로 피트모스를 준비한다

삽목 용토는 피트모스에 왕모래, 마사토, 펄라이트, 버미큐라이트 등을 혼합하여 사용한다. 피트모스의 사용비율은 50~70%가 바람직한 것으로 알려져 있는데, 거친 피트모스의 경우는 피트모스만 100% 사용해도 문제가 없고, 오히려 삽목 성공률이 높다(이병일 교수). 압착 건조한 상태의 피트모스는 잘 풀어헤치고 물을 충분히 흡수시켜 축축한 상태로 만들어 사용해야 한다. 용토의 적절한 산도는 pH 4.5~5.5 범위이며, 피트모스를 사용하면 이 범위의 산도가 되기 때문에 별도로 특별히 산도조절을 해 줄 필요가 없다.

### 마. 삽목상에 삽수를 바로 꽂는다

삽목상은 시중에 판매되는 육묘용 유공트레이(25공)를 이용한다. 아니면 바닥에 작은 구멍이 나서 물이 잘 빠지는 두부상자 등을 이용할 수도 있다. 삽목상에 삽목 용토를 채우고 삽수를 꽂는데 오래 저장했던 삽수는 물통에 1시간 이상 담가 물을 흡수시킨 다음에 꽂는다. 삽수는 보통 수직으로 꽂는데, 5×5cm 간격에 삽수의 2/3가 묻히도록 꽂고, 눈 1~2개가 지상부에 남아 있도록 한다. 삽목 간격이 좁으면 나중에 통기성이 나빠져 병이 발생할 수 있으므로 다소 넓게 꽂는다. 삽목 후에는 충분히 관수하여 삽수와 용토를 밀착시킨다. 그리고 삽목상마다 품종 이름을 써 넣거나 이름표를 부착한다. 모든 작업이 완료되면 삽목상을 적당한 받침대 위에 올려놓아 배수가 잘 되도록 하고 통기성을 확보한다.

### 바. 적당히 관수하고 차광을 해 준다

삽목이 끝나면 충분히 관수하고 50% 정도 차광을 해 증산을 억제하고 삽수가 시드는 것을 막는다. 관수를 너무 자주하면 과습으로 삽수가 부패하기 쉬우므로 2~3일에 한 번씩 물을 충분히 준다. 블루베리는 삽목 후 1주 정도 지나면 싹이 자라기 시작하여 새 가지가 5~10cm 정도 뻗은 후 생장이 정지한다. 생장이 정지하면 가지 끝 생장점이 검게 말라죽는 끝순마름현상(블랙 팁)이 나타난다. 이때가 저장양분이 거의 소진되는 시기면서 뿌리가 내리기 시작하는 때이다. 삽목 후 2~3개월 지나면 발근이 되면서 죽은 끝눈 아래 겨드랑눈에서 새 가지가 다시 자라나오기 시작한다. 처음에는 삽수 내 저장양분을 이용하여 자라므로 충분한 관수가 필요하고, 발근 직전에는 삽목상을 다소 건조하게 관리하여 뿌리 내림을 촉진시키는 관수관리가 필요하다.

**그림 3-9** 숙지삽 삽목상 관리

삽목상을 물 빠짐이 좋은 위치에 올려 놓고 차광을 한 뒤 2~3일에 한 번씩 충분히 관수한다. 발근이 확인되면 바로 차광망을 걷는다.

### 사. 발근 확인 후 차광망을 걷는다

삽목 후 60~90일이 되면 옮겨 심을 만큼 뿌리가 내린다. 4월 중순에 삽목했다면 6월 중순~하순경에 이식이 가능한 정도의 발근을 확인할 수 있다. 발근이 확인되면 먼저 차광망을 거둬서 햇볕을 충분히 쬐게 해 준다. 그리고 이때도 마르지 않도록 관수에 특별히 신경을 써야 한다. 피트모스를 주체로 한 용토는 한 번 마르면 물을 잘 흡수하지 못하므로 주의해야 한다. 소량의 시비를 권장하기도 하지만 새로 나온 잔뿌리는 비료에 매우 민감하므로, 자칫하면 농도장해를 일으킬 수 있으므로 삽목묘를 옮겨 심을 때까지 시비는 일체 하지 않는 것이 좋다.

### 아. 포트나 묘포장에 옮겨 심는다

발근이 확인된 묘는 포트나 묘포장에 옮겨 심는다. 시기와 방식은 키우고자 하는 묘목의 크기나 이용 시기 등을 감안하여 결정한다. 몇 가지 방식을 살펴보면 첫째, 발근 후 바로 옮겨 심지 않고 삽목상에서 키우다가 월동 후 봄에 포트(지름 20cm)에 옮겨 심는다. 둘째, 발근이 확인되면 바로 작은 포트에 옮겨 심는다. 특히 육묘용 셀(cell) 트레이를 이용하는 경우에는 셀에 뿌리가 차면 바로 포트에 옮겨 심어야 한다. 셋째, 노지에 마련한 묘포장에 심는다. 묘포장에 심으면 활착과 생장 속도가 포트묘에 비해 훨씬 빠르다. 6월 중순경 포장에 심을 수도 있고, 월동 후 이듬해 봄에 심기도 한다. 묘포장은 유기물과 황가루를 투입하여 밭을 미리 만들어 둬야 한다. 심는 간격은 열간(줄사이) 1m, 주간(그루사이) 30cm, 구덩이를 30cm 정도로 파고 축축한 피트모스를 한 줌씩 넣어 심는다. 옮겨 심은 후 충분히 관수하고 우드칩으로 두껍게 멀칭하고 날씨에 따라 적절히 관수해 준다.

### 자. 옮겨 심은 후에 가볍게 시비한다

옮겨 심고 적절한 시비를 해 주면 생육이 촉진된다. 포트로 이식할 때는 이식 직후 바로, 포장에 이식하는 경우에는 2주 정도 지난 후에 시비한다. 잔뿌리는 화학비료에 매우 민감하므로 시비량과 시비 방법에 특별히 주의해야 한다. 시비 농도가 지나치면 농도장해를 일으킬 수 있다. 소량의 유박을 주고, 그 위에 묽은 액비를 초기에는 일주일 간격으로 주고, 후기에는 2주에 한 번씩 주다가 9월 이후에는 시비하지 않는다.

### 차. 충분히 관수한 후에 월동시킨다

묘목은 월동 중에 건조해와 동해를 입을 수 있다. 특히 포트묘는 관수에 신경 쓰고, 건조 방지를 위해 포트마다 왕겨를 5cm 정도 덮어 준다. 관행적인 월동 방법으로 충분히 관수하여 꽁꽁 얼린 상태로 포트를 한 곳으로 모아 누이고 검은 비닐과 보온덮개를 씌워 바람과 햇빛을 차단하여 건조피해를 입지 않도록 해 준다. 하우스 안에서 월동시키는 경우는 밀폐시키고 차광망을 씌워 광을 차단하여 온도를 유지하고 건조해지지 않게 방지해야 한다. 월동 후에는 날씨를 봐가면서 덮개를 걷어내고 건조하지 않도록 관수에 신경 써야 한다. 노지 포장에 심은 묘목의 경우도 월동 전에 충분히 관수하고, 유기물로 두껍게 멀칭해 준다. 그리고 월동 중이나 이른 봄에 필요하다고 판단되면 따뜻한 날을 택해 관수를 해 준다.

## 2) 녹지삽목, 미숙한 풋가지를 이용한다

### 가. 삽수를 채취하고 다듬는다

삽수는 1차 봄가지의 생장이 정지되는 시기에 채취한다. 채취시기는 지역과 기상조건에 따라 차이가 큰데 보통은 6월 하순~7월 초순이다. 북부하이부시는 1차 생장 정지기에서 2주 이내에 채취해야 좋으며, 만생종은 조생종보다

그림 3-10 녹지 삽수 만들기와 삽목 준비

삽수 길이는 10cm, 5~6마디 중 위로 2~3개 잎을 남기고, 잎은 1/2 정도 잘라 준다. 삽수를 다듬어 물에 담가 증산을 억제한다.

다소 늦은 시기에 채취하는 것이 발근율이 높다. 1차 새 가지 가운데에서도 선단이 특별히 충실한 가지를 이용하는 것이 좋다. 삽수를 지나치게 많이 채취하면 나무가 약해지고 꽃눈이 적어지기 때문에 수세를 감안하여 채취량을 결정한다.

삽수용으로 채취한 가지는 일단 물에 담가 증산을 억제시킨다. 하나씩 꺼내 〈그림 3-10〉에서 보는 것처럼 길이 10cm에 5~6마디를 남겨 자른다. 채취한 가지의 길이에 따라 짧은 것은 하나, 긴 것은 2개 이상의 삽수를 만들 수 있다. 개개 삽수의 아래쪽 잎은 제거하고 위쪽에는 2~3개의 잎을 남긴다. 큰 잎은 증산을 억제하기 위해 1/2 정도 잘라준다. 삽수의 밑면은 날카로운 칼로 비스듬히 절단해 준다. 절단면이 지저분하면 부패하거나 발근율이 떨어지기 쉽다.

### 나. 삽목 후 증산을 억제시킨다

삽목 용토와 삽목상은 숙지삽과 같다. 5×5cm 간격으로 삽수 길이의 1/2~2/3 깊이로 꽂고 묘판을 손으로 가볍게 눌러 준다. 삽목 후에 습도를 포화상태로 유지하여 증산을 억제해 주는 것이 중요하다. 이를 위해 미스트온실

(분무온실)을 이용하거나 밀폐시설을 이용한다. 미스트온실을 이용하는 경우에는 분무 장치를 이용하여 10분 간격으로 5~6초간 분무해 준다. 밀폐시설은 주로 비닐 터널을 이용하는데, 삽목상을 땅바닥에 올려 놓고 충분히 관수한 후 비닐을 피복하여 완전 밀폐시킨 후 발근할 때까지 놔둔다. 증산을 억제하고 포화습도를 유지하면서 광합성을 어느 정도 할 수 있도록 50~80% 정도 차광을 해 준다. 녹지삽은 삽목 후 5~7주면 뿌리를 내리는데, 발근이 확인되면 서서히 습도를 낮춰 주고 직사광선을 쬐어 준다. 이러한 순화 과정을 거쳐 포트에 옮겨 심는다. 이후 관리는 숙지삽에 준해서 하면 된다.

## 종자로 번식한 '몰라베리'

블루베리 품종 가운데 '몰라베리'라고 있다. 품종 이름을 모르는 블루베리를 농민들은 '몰라베리'라고 한다. 우리나라에서 블루베리가 재배되기 시작할 무렵에는 외국에서 묘목을 들여오는 사례가 많았다. 특히 중국에서 값이 상대적으로 저렴한 묘목이 많이 수입되었다. 수입 묘목 가운데에는 품종명이 제대로 확인되지 않는 것들이 많았고, 그 가운데 상당수는 실생(종자번식) 묘목이었다. 즉, 종자를 파종하여 키운 묘목들이었다. 실생 묘목은 어미그루의 특성을 그대로 유지할 수 없다. 종자는 수정 과정에서 교잡으로 유전자가 섞이고 감수분열 과정에서 유전자가 바뀌기 때문이다. 다시 말하면 A 품종과 B 품종을 교잡시키면 그 후대는 A도 아니고 B도 아닌 종자들이 생산된다. 또한 A 또는 B 품종이 자가수정을 해도 A 또는 B와 똑같은 품종의 종자가 생기지도 않는다. 이 종자들을 심으면 기존의 품종과는 전혀 다른 블루베리가 나온다. '듀크'라는 품종에서 종자를 받아서 심으면 듀크와는 다른 블루베리가 나온다는 말이다. 종자번식은 육종 목적으로만 이용되는 번식법이다. 교잡으로 생긴 종자를 파종하여 개체 간 다양한 변이를 창출하고, 그 변이들 가운데 우수한 것을 선발하여 새로운 품종을 육성하는 방법이다. 이렇게 해서 품종이 육성되면 이후 삽목

번식으로 개체를 증식시켜 나간다. 지금까지 육성된 블루베리 품종은 대부분 야생종에서 선발했거나, 계획적, 인위적 교잡으로 만든 변이 집단에서 선발한 것들이다. 그러나 자연교잡종 가운데 선발 육성된 품종도 있다. 기존 품종의 종자(자연교잡종자)를 받아 파종하고 그 안에서 우수한 개체가 나오면 바로 선발하여 품종을 만들 수 있다. 그 좋은 예가 우리나라에서 개발한 '원더풀'이라는 품종이다.

**자연교잡 실생 블루베리 선발과 특성관찰(뉴질랜드, BBC농장)**
블루베리 농장에서는 열매가 익어 땅에 떨어져 종자가 저절로 자연 발아하여 자라는 경우가 있다. 이런 개체들을 자연교잡 실생 블루베리라고 한다. 이들은 자연교잡으로 생긴 종자에서 유래했기 때문에 어미그루와는 물론 개체 간에도 특성이 다르다. 그 가운데 어쩌다 쓸 만한 것들이 보이면 선발하여 새 품종을 만들 수 있다. 쉽지는 않다.

## 시험관 묘목, 조직배양

삽목번식이 가지의 일부를 끊어내 적절한 용토에 꽂아 개체를 만드는 기술이라면, 조직배양은 조직의 일부 또는 세포 하나를 떼내 시험관 안에서 배양하여 새로운 개체로 만드는 기술이다. 과거에는 시험관을 많이 사용했지만 요즘에는 다양한 용기가 개발되어 이용되고 있다. 조직, 때로는 세포를 배양하는 기술이기 때문에 완전한 영양소가 공급되어야 하고, 적절한 호르몬이 적기에 투입되어야 한다. 또한 완벽한 환경 조절이 필요하고, 무균상태의 유지가 필수적이다. 이에 따라 전문 인력, 특수한 도구와 시설을 갖춘 기관이나 업체에서 주로 이용하는 번식법이다. 그러나 기본원리를 이해하면 일반 농가에서도 간이시설을 이용하여 얼마든지 할 수 있다.

조직배양의 기본원리는 세포의 전체형성능(totipotency)을 이용하는 것이다. 그 어떤 세포도 조건만 갖추면 하나의 완전한 개체로 발전해 갈 수 있는 능력을 갖고 있는데, 이 능력을 세포의 전체형성능이라고 한다. 어떤 조직, 어떤 세포도 조건만 갖추면 새로운 개체로 발전해 갈 수 있고, 이것을 바탕으로 조직배양(세포배양)이 가능하다. 삽목에서 젊은 가지가 유리한 것처럼 조직배양도 젊고 활력이 큰 세포가 유리하다. 블루베리의 조직배양은 줄기의 끝 생장점 부위(경정)를 떼어내어 배양한다. 영양배지로는 주로 HS배지나 우드 플란트 배지를 이용하며 여기에 적절한 식물 호르몬의 조합을 처리하여 측아 발생을 유도하고 개체를 증식시킨다.

조직배양은 학술적으로 다방면에 걸쳐 기초연구 수단으로 이용되고 있지만, 원예적으로는 실용적인 번식 수단으로 이용되고 있다. 조직배양을 이용하면 단시간에 다량의 무병묘를 생산할 수 있다. 여기서 말하는 무병묘란 바이러스에 감염되지 않은 묘목으로 조직배양은 무병묘 생산의 중요한 수단이기도 하다. 묘목생산업체에서는 신품종이 도입되었을 때 건전한 묘목을 얼마나 빨리, 얼마나 많이 생산할 수 있느냐가 중요하다. 그래서 급속 대량 증식의 수단으로 조직배양이 이용되고 있다. 한때 국내에서도 조직배양으로 생산한 묘목이 시판되기도 했지만, 지금은 수요가 많지 않아 큰 관심을 끌지 못하고 있다. 이유는 실용적, 경제적 가치가 크지 않아서이다.

**조직배양을 이용한 블루베리 묘목 생산**
왼쪽부터 기내배양, 배양묘, 묘의순화.
* 사진 출처 : 윤여중(유니플랜텍)

## 접목번식, 토양 적응폭을 넓힌다

접목은 대목과 접수를 연결시켜 새로운 개체를 만드는 번식기술이다. 주로 대목의 뿌리가 갖는 장점을 이용하자는 것인데, 예컨대 대목의 열매는 볼품없지만 뿌리는 토양 전염성병에 강하고 양수분 흡수력이 좋다. 그래서 접목묘를 이용하면 접수 품종을 더 쉽게 재배할 수 있고 특성을 더 잘 살릴 수 있다. 블루베리의 경우도 토양 적응폭이 넓은 래빗아이 대목에 원하는 하이부시 품종을 접목하면 토양관리와 재배가 용이하고 품질과 생산성을 향상시킬 수 있다. 보통 과수에서는 접목묘 이용이 일반적이지만 블루베리에서는 접목묘를 이용하는 일이 별로 없다. 블루베리 접목방법의 개략을 보면 먼저 대목으로는 홈벨, 우다드, 티프블루 등이 많이 쓰이고 있다. 대목의 눈이 움직이는 4월 상순~중순에 제자리(포장 또는 용기)에서 주로 깎기접(절접) 또는 쪼개접(할접)을 하는데, 접수는 겨울전정 시 채취하여 밀봉하여 습윤상태로 냉장했다가 사용한다. 대목과 접수를 밀착시킨 후 바로 접목용 테이프를 감아 주고 접수의 상단 절단면을 밀랍으로 도포하여 건조와 빗물 침투를 막아 준다. 그리고 접목 후에는 건조하지 않도록 충분히 관수하고, 대목에서 자라나오는 가지는 접수의 생육을 저해하므로 나오는 대로 모두 제거한다. 이러한 제자리 접목은 품종 갱신, 노화가지 갱신의 의미도 담고 있지만 그런 목적의 접목재배는 실용성이 떨어진다. 블루베리 접목은 기술적으로 큰 어려움이 없지만 실용성이 거의 없어 그동안 큰 주목을 받지 못했다. 그런 가운데 전북 익산의 웅포블루베리농원(대표 김신중 블루베리 마이스터)에서 실용화를 전제로 접목재배를 시도하여 상업적 이용에 성공했다. 이 농원은 처음에 북부하이부시블루베리를 논 토양에 심어 어려움이 많았다. 식재한 북부하이부시 품종이 논 토양에 적응 못하고 생육이 부진하고 고사주가 계속 발생하였다. 그래서 문제의 북부하이부시 품종을 모두 뽑아내고 토양 적응폭이 넓은 래빗아이(티프블루)로 갱신했다. 예상했던 대로 래빗아이는 잘 자랐고 수확량이 엄청나게 많았다. 그러나 시장반응이 싸늘

했다. 과실이 작고 씨가 씹히는 등 식감이 좋지 않아 소비자 선호도가 나빴다. 이 문제를 극복하기 위해 생각해 낸 것이 접목재배이다. 하우스 한 동에 잘 자라던 래빗아이를 모두 밑동만 남기고 지상부를 쳐 냈다. 그리고 그걸 대목으로 삼아 남부하이부시 '스타' 품종을 접수하여 접목했다. 접목은 성공적이었고 알뜰하게 보살핀 결과 접목 2년차에 주당 1kg을 수확하고, 다음 해 3년차에는 주당 6kg을 수확하였다.

래빗아이 '티프블루' 지상부 밑동을 절단하다.

'티프블루' 대목에 남부하이부시 '스타'를 접목하다.

접목 활착에 성공하여 순조롭게 생육하다.

접목 후 3년차 주당 6kg을 수확하다.

* 사진 출처 : 김신중(익산 웅포블루베리농원)

# 4장

# 묘목 심기와 그 후의 관리

'심고 너무 간섭하지 말자, 지나치면 모자람만 못하다'

묘목은 반드시 배운 대로 심어야 한다.

심은 후에는 나무 생장의 바탕이 되는 토양환경의 조성과

유지관리에 특별히 신경 써야 한다.

기본에 충실하되 자연에 순응하고 지나치게 간섭하지 않는 것이 좋다.

그것이 쉽지만은 않겠지만 생각과 선택에 따라 쉬울 수도 있다.

## 4.1. 이랑을 만들고 구덩이를 크게 판다

재식거리는 그루사이×줄사이를 하이부시 1.5×2.5m, 래빗아이 2.5×3.5m를 기준으로 하며, 이랑은 폭 120cm, 높이 30cm를 표준으로 하되, 지형, 토질, 재배 및 경영 방식에 따라 가감 조절한다. 구덩이는 깊이×너비를 예정지 관리가 잘 된 밭은 20×40cm로 하고, 관리가 안 된 밭은 40×60cm로 크게 판다.

### 1. 재식거리는 가능하면 넓게 잡는다

재식거리는 품종의 특성과 재배관리의 효율성을 고려하여 결정하는데, 블루베리의 종류와 품종, 토양조건에 따라 다르다. 그루사이(주간)×줄사이(열간)의 거리를 보면 하이부시는 1.5×2.5m로 하고, 래빗아이는 1m 정도 더 넓게 2.5×3.5m로 하는 것이 일반적이다. 이 재식거리를 기준으로 경영규모, 종류, 품종별 수세와 수관의 폭 등을 고려하여 거리를 조정해 준다. 예를 들면 북부하이부시의 경우 경영규모가 큰 농장은 1.5~2.0×3.0m로 넓게 하여 농기계 작업이 원활하도록 하고, 소규모인 경우는 재식거리를 좁혀 밀식한다. 하이부시블루베리 중에서도 하프하이부시나 남부하이부시는 북부하이부시에 비해 좀 더 좁게 하고, 품종 간 수형에 따라 직립형은 개장형에 비해 촘촘하게 심는다. 토양조건에 따라 나무의 수세가 다를 수 있어 유효 토층이 깊고 비옥한 토양은 좀 더 넓게, 토양조건이 좋지 않은 경우는 좀 더 좁게 심는다. 그리고 경영 형태에 따라 개방형 체험농장으로 운영하고자 한다면 기준거리에서 0.5m 이상 넓혀 방문 고객의 활동 공간을 마련해 주는 것이 좋다. 참고로 외국의 대규모 조방농업에서는 기계 수확을 위해 하이부시의 경우 대부분 줄사이는 3m 이상으로 넓히고 그루사이는 1m 이하로 좁혀 심는다.

조기 다수확을 위해 계획적으로 밀식하는 경우도 있다. 2년생 묘목을 정식하면 보통 1년차, 2년차에는 꽃눈을 모두 제거하여 수확을 하지 않고 3년차부터 수확을 하게 된다. 수확 초기의 수확량을 늘리기 위하여 초기에 계획적으로 밀식한다. 줄사이 거리는 그대로 두고 그루사이 거리는 1m 이하로 좁게 심고, 완전한 성목이 된 후에 인접한 나무끼리 접촉할 정도로 성장하면 솎아내어 재식거리를 넓혀 준다. 이러한 계획적인 조기 밀식은 주로 하이부시블루베리에 적용한다. 또한 우리나라와 같이 예정지 관리도 제대로 하지 않고 인공토양을 주로 이용하는 과원에서는 성목이 되어도 수세가 왕성하지 못하고 정상적인 수량 확보가 어려우므로 가급적 밀식하는 것이 좋다.

**표 4-1** 블루베리 재식거리에 따른 10a당 심게 되는 그루 수

| 그루사이(m) | 줄사이(m) | | |
|---|---|---|---|
| | 2.0 | 2.5 | 3.0 |
| 1.0 | 500 | 400 | 333 |
| 1.2 | 417 | 340 | 289 |
| 1.5 | 325 | 260 | 221 |
| 2.0 | 250 | 200 | 170 |
| 2.5 | 200 | 160 | 136 |
| 3.0 | 175 | 140 | 119 |

농촌진흥청(2013). 블루베리-농업기술길잡이.

## 2. 이랑의 높이는 상황에 따라 결정한다

예정지 관리를 통해 배수성을 확보하고 유기물 투입으로 흙을 가볍게 만들고 토양 산도가 적절하게 교정되면 묘목의 식재 일정에 맞춰 이랑을 조성한다. 예정지 관리를 생략하고 곧바로 과원을 조성할 경우에는 잘 부숙된 우드

칩, 톱밥, 왕겨 등과 같은 유기물과 황가루를 살포한 후 깊게 경운한 다음에 이랑을 만든다.

이랑의 방향은 동서이랑보다 남북이랑이 좋다. 남북이랑은 광선을 골고루 받으며 한여름 그루사이의 광선 차폐 효과로 무더위를 극복하는 데 유리하다. 반면 동서이랑은 여름철 고온 극복에 불리하고 굴광성으로 가지가 남쪽으로 휘는 경향이 있기 때문에 수형관리에 불리하다. 그렇지만 저온기 가온 시설재배에서는 채광성 향상을 위해 하우스와 이랑의 방향을 동서로 하는 것이 유리하다. 배수성이나 관수시설 문제 등으로 이랑의 방향을 결정해야 되는 경우도 있다. 이런 경우는 채광성이나 굴광성은 무시하고 이랑 방향을 상황에 맞게 결정한다.

이랑의 높이는 30cm, 폭은 120cm를 기준으로 한다. 줄사이 거리 3m로 설계했다면 1.2×3 = 3.6m 간격으로 줄을 잡은 후 가운데 1.2m 토양 위에 좌우측의 흙을 10cm 정도 걷어 중앙으로 올리면 유기물로 경량화시킨 30cm 높이의 이랑을 만들 수 있다. 이랑의 높이는 상황에 따라 가감 조절해 준다. 예를 들어 경사진 곳이나 배수가 잘 되는 곳은 평이랑으로도 가능하고, 지하수위가 낮거나 배수성이 나쁜 경우는 좀 더 높은 이랑을 조성한다. 이랑의 폭도 배수가 잘 안 되는 토양이면 폭을 좁혀 물이 더 빠르게 빠지도록 해 준다.

## 3. 구덩이는 가급적이면 넓고 깊게 판다

그루사이 재식거리에 맞춰 묘목을 심을 구덩이를 판다. 구덩이 크기는 유효 근권의 깊이를 20cm, 반경을 50cm로 보고, 예정지 관리가 잘 된 밭이라면 깊이 20cm, 너비 40cm 정도로 해도 된다. 그러나 예정지 관리 없이 곧바로 포장을 경운하여 심는 경우는 깊이 40cm, 너비 60cm의 큰 구덩이를 파야 한다. 구덩이는 가급적이면 굴착기를 이용하여 파는 것이 편리하다. 경우에 따라서

**그림 4-1** 이랑 만들기와 구덩이 파기

예정지 관리가 되고 물 빠짐이 좋은 토양이라면 이랑을 다소 낮게, 구덩이도 약간 작게 판다(위). 예정지 관리가 안 되고 물 빠짐이 안 좋은 토양이라면 이랑을 높게 만들고, 구덩이도 넓고 깊게 판다(아래).

\* 사진 출처(위) : 현상대(아산 베리팜)

는 구덩이를 파지 않고 이랑에 포트에서 빼낸 묘목을 올려놓고 주변에 인공 토양과 멀칭 재료를 성토하는 형식을 취하는 방법도 있다. 이런 방식을 농가에서는 올려 심기라고 한다. 경우에 따라서는 중간 형태로 반쯤만 올려 심을 수도 있다.

## 잘못 심으면 두고두고 불편하다

처음 심을 때 종종 지나친 욕심이 화를 부르는 경우를 본다. 일정 면적에 이왕이면 많이 심어 수량을 많이 내겠다는 욕심으로 나무를 지나치게 촘촘하게 심는 경우이다. 나무와 나무 사이가 가까우면 어린 시절에는 상관이 없는데, 나무가 커갈수록 점차 서로 부딪히고 여러 가지 작업이 불편하고 어려워진다. 과원은 사통팔달 작업자가 작업도구를 들고 또는 손수레를 끌고 자유롭게 이동할 수 있어야 한다. 나무와 나무 사이가 좁으면 수확할 때 불편하고 주변에 경쟁 농장이 있으면 인부들이 기피하는 농원이 되기 쉽다. 체험농장이라면 더더욱 충분한 공간을 확보해야 한다. 경험적으로 볼 때 기본적으로 줄사이는 3m 정도로 넓게 잡는 것이 좋다.

이랑의 높낮이 결정도 재식거리 결정 못지않게 중요하다. 이랑을 만드는 이유는 물 빠짐과 지온 관리 등에 목적이 있다. 블루베리는 우드칩을 두껍게 멀칭하기 때문에 이랑을 불필요하게 높게 할 필요가 없다. 적절한 경사지나 물 빠짐이 좋은 토양은 처음부터 이랑을 만들지 않아도 좋다. 우드칩을 끌어 모으는 정도의 높이로 이랑을 대체하는 것이 바람직하다. 이랑이 지나치게 높으면 농작업이 불편하고 건조해를 받기 쉽고, 한여름 고온기에는 지온이 상승하여 뿌리 생육에 지장을 줄 수도 있다. 무엇보다도 작업자가 이동하거나 수레를 끌고 다닐 때 힘이 두 배 세 배로 많이 든다. 물론 예외적으로 물 빠짐이 안 좋거나 지하수위가 높은 지대에 심을 때는 이런 불편을 감수하고서라도 이랑을 높게 만들 수밖에 없는 경우도 있다.

고랑이 너무 넓어 간작으로 마늘을 심었다(왼쪽). 이랑이 너무 높아 골마다 다리를 설치했다(가운데). 경사지고 물 빠짐이 좋으면 평이랑도 괜찮다(오른쪽).

## 용기재배도 있지만 생각해 보고 선택한다

블루베리는 용기에 심을 수도 있다. 농가에서 많이 사용하는 용기에는 고무화분, 부직포나 차광망으로 만든 백, 플라스틱 에어포트가 있다. 그 외에도 흙을 담거나 가둘 수 있다면 그 어떤 용기도 가능하다. 용기재배는 잘 따져 보고 선택해야 한다. 먼저 용기재배가 반드시 필요한 상황도 있다. 토경재배가 불가능한 경우이다. 건물 옥상, 물 빠짐이 심하게 안 좋은 논밭에서는 토경이 어렵다. 용기재배가 유리한 경우도 있다. 소규모 임차농이나 임시로 사용하는 밭에서 이동식 농사를 할 때 또는 보식용으로 가꾸다 필요 시 이식하고자 할 때는 용기에 재배하는 것이 좋다. 그 밖에도 용기재배를 하면 필요 시 따뜻한 곳으로 옮겨 동해를 방지할 수 있고, 생육 중 방향을 돌려 햇빛을 골고루 받게 할 수도 있으며, 토양 병충해와 두더지 피해를 막을 수도 있다. 그러나 경험자들은 이구동성으로, 상업적 재배에서는 가능하면 토경재배를 하라고 한다. 하우스시설에서도 땅에 심는 것이 좋다고 한다. 용기재배는 관리가 어렵기 때문이다. 특히 물관리가 어려워 힘들다는 것이다. 근권 환경이 좁아 완충력이 약하고 쉽게 스트레스를 받는다. 수분이 조금만 부족해도 건조해가 나타나고 겨울에는 동해를 입기도 한다. 고온기에는 용기의 열 전달로 지온이 높아져 뿌리가 스트레스를 받기 쉽다. 두더지 피해는 막을 수 있다지만 굼벵이가 오면 더 치명적이다. 결국에는 노화가 빠르고 경제적 수명도 짧아진다. 이런 저런 이유로 웬만하면 토경재배를 하라고 권한다. 아니면 용기재배와 토경재배의 중간쯤 되는 베드재배를 권하기도 한다.

용기재배(왼쪽), 베드재배(가운데), 노지에서 용기 재배를 하다가 토경재배로 전환하고 있다(오른쪽).

## 4.2. 묘목을 심고 멀칭으로 마무리한다

피트모스를 주재료로 만든 인공 토양을 사용한다. 추운 지방은 4월 초에, 따뜻한 지방에서는 10월 중순에 심는다. 포트에서 꺼내 뭉쳐 있는 뿌리를 적절히 풀어헤쳐 심는다. 심은 후에는 물을 주고 그루 주변에 부직포, 우드칩 등으로 반드시 두껍게 멀칭을 해 준다.

## 1. 가급적이면 인공 토양을 준비한다

### 1) 왜 인공 토양을 써야 하나

블루베리는 유기물 함량이 많고 가벼우면서 산성 토양에서 잘 자란다. 우리나라에서는 이런 조건을 갖춘 토양을 찾기가 쉽지 않다. 예정지 관리를 통해 블루베리 재배에 적합한 토양을 만든다고는 하지만 완벽한 토양을 만들기는 쉽지 않다. 그래서 이러한 토양에도 보충적으로 인공 토양을 사용하고 있다. 무엇보다 기존의 경작지에서 급하게 농원을 개원하는 경우에는 반드시 인공 토양을 사용해야 한다.

### 2) 인공 토양은 무엇으로 만드나

인공 토양은 피트모스(peat moss), 왕겨, 톱밥, 소나무 수피, 상토(수도용), 펄라이트, 깨끗한 흙(마사토)을 적절한 비율로 혼합하여 만든다. 재료 선택에 주의할 것은 피트모스는 블루베리 식재용을 선택하고, 소나무 수피는 잘 부숙된 것을 사용해야 한다. 깨끗한 흙은 가급적 기존의 경작지의 흙보다는 산의 흙이 좋고, 가장 바람직한 토양은 마사토(가능하면 백색)이다. 그리고 펄라이트는 특정 암석을 고온에서 용융시킨 후 부풀린 가벼운 알갱이 상태의 무기물이다. 펄라이트는 가격이 비싸 마사토를 적극 권장하고 있다. 상토를 사용하는 경우 pH가 낮은 수도용(벼 육묘용) 상토가 바람직하다.

### 3) 주재료는 피트모스이다

피트모스는 수입하는데 품질이 다양하다. 시판되고 있는 블루베리 식재용 피트모스는 탄화 정도에 따라 연한 갈색(white), 갈색(brown), 흑색(black)으로 구분한다. 가능하면 입자가 굵고 조직이 거친 연한 갈색의 피트모스를 사용하는 것이 좋다. 원예용으로 특별히 가공되어 pH가 높은 것을 사용해서는 안 된다. 보통 포장 단위로 107L 한 포를 물을 뿌리면서 풀어헤치면(농가에서는 해면한다고 표현) 부피가 1.5배로 늘어난다. 이 정도의 양이면 블루베리 묘목 5주를 심을 수 있다.

### 4) 피트모스 단독 사용은 피한다

피트모스는 블루베리 식재에 필수적인 유기물 재료로 알려져 있지만 조건만 갖춰 주면 피트모스 없이도 충분히 재배할 수 있다. 그러나 피트모스가 여러 면에서 편리하고 안전하기 때문에 농가에서 대부분 사용하고 있다. 피트모스는 주재료이지만 피트모스만 단독으로 사용하면 몇 가지 문제가 발생할 수 있다. 먼저 공극률(70% 이상)이 높아 많은 수분을 함유할 수 있는데, 일단 물관리가 잘못되어 한 번 마르면 물을 줘도 수분 흡수가 어려워 건조해를 받기 쉽고, 몇 년이 지나면 구성 유기물이 분해되어 아래쪽으로 내려가 쌓이면서 배수가 안 되어 습해를 받기 쉽다. 원래 토양은 복잡하기 때문에 완충력을 갖게 되는데 피트모스로 단순화하면 그 완충력이 떨어지면서 생육에 불리해진다. 그 때문에 피트모스는 다른 재료와 혼합하여 사용하는 것이 절대적으로 바람직하다. 단, 단기간 집중관리하며 사용하는 삽목 용토나 포트 육묘용으로는 단독 사용도 가능하다.

## 5) 재료별 적정 혼합비율이 있다

인공 토양을 만들 때 각 재료의 적정비율은 재배방식에 따라 다르다. 기본 재료로 피트모스 : 왕겨(톱밥 등) : 마사토(밭흙)를 이용한다고 볼 때, 각 재료의 비율을 예시해 보면 다음과 같다. 예정지 관리가 잘 되고 우드칩과 그 밖의 유기물이 충분이 들어가 숙성된 토양은(산도만 맞춰 그냥 재식해도 무방하다고 함) 2 : 3 : 5의 비율로 하고, 기존의 밭에 심을 때는 4 : 2 : 4로 하고, 용기재배를 할 때는 3 : 4 : 3으로 할 것을 권장하고 있다. 이러한 비율은 농장의 여건을 감안하여 스스로 판단해 결정해야 한다.

**그림 4-2** 피트모스, 마사토, 인공 토양 만들기, 블루베리 식재 전용 토양

피트모스를 주재료로 하고 여기에 왕겨, 펄라이트, 마사토 등을 적질한 비율로 혼합하여 인공 토양을 만든다. 아니면 시판하는 블루베리 전용 상토를 구매하여 이용하기도 한다. 전용 상토는 피트모스를 주재료로 하고 여기에 코코피트와 펄라이트를 혼합하여 만든 것이다.

## 6) 전용 인공 토양을 구입해 써도 된다

블루베리 식재 전용 토양을 만들어 판매도 하고 있다. 주재료는 피트모스, 펄라이트, 코코피트, 마사토 등을 적정비율로 혼합한 것이다. 마사토를 넣으면 무거워서 취급하는 데 불편하여 기피하는 경향이 있다. 보통 1주에 50L 들이 1포를 사용하도록 포장하여 시판되고 있는데 경제성과 편리성을 잘 따져보고 사용 여부를 판단하도록 한다. 구입한 식재 용토를 사용할 때는 적당량의 마사토나 밭 흙을 섞어 사용하는 것이 좋다.

### 피트모스는 물이끼의 유체다

**# 표면에 쌓인 식물 유체는 분해되어 퇴비(부엽토)와 부식이 된다**

토양 유기물로 생물의 유체들이 큰 비중을 차지한다. 이 가운데 식물 유체가 농업적으로 큰 의미를 갖는다. 죽은 나뭇가지나 낙엽, 떨어진 과실, 고사한 풀 등이 표토에 쌓여 부엽토나 퇴비에서 보는 것처럼 호기성 미생물의 활동으로 분해된다. 이 과정을 유기물이 '발효된다', '부숙된다', '썩는다'라고 표현하기도 한다. 결국 분해된 식물 유체는 토양의 일부 구성요소가 되고, 이렇게 되면 토양 공극이 커져 흙이 가벼워지고 통기성, 배수성, 보수력이 커져 토양 물리성이 크게 개선된다. 이러한 역할을 하는 토양 유기물 가운데 부식이라는 유기물도 포함된다.

**# 부식(humus)은 토양 중 식물 유체의 최종 분해산물이다**

부식은 부식질이라고도 하는데, 식물 유체 분해의 마지막 단계에서 주로 비부식 물질(녹말, 셀룰로오스, 리그닌, 단백질 등)이 미생물에 의한 분해작용, 그리고 산화, 중합, 축합 반응 등과 같은 화학작용에 의해 만들어진다. 주요 특징으로 더 이상 분해가 어렵고, 액체에서 분산되는 교질(콜로이드)상이며, 분자구조를 정확히 그릴 수 없는 고분자화합물이다. 분자 크기, 색깔, 용해 특성에 따라 휴민(humin, 부식탄), 휴믹산(humic acid, 부식산), 풀빅산(fulvic acid), 울믹산(ulmic acid) 등 4종으로 나뉜다. 이들은 모두 토양의 이화학적 성질에 영향을 미쳐 토양을 입단화시키고, 양수분 흡수를 촉진하는 등 농업적으로 중요한 의미를 갖는다.

## # 퇴적 매몰된 식물 유체는 분해되어 이탄(피트)과 석탄이 된다

식물의 유체가 수중이나 땅속에 퇴적 매몰된 후 오랜 세월 미생물 작용과 산화반응, 지열과 지압 등의 영향으로 분해, 중합, 축합되어 흑갈색의 가연성 암석으로 변한다. 이를 석탄이라고 하는데 석탄화 정도에 따라 이탄, 유연탄(연갈탄, 갈탄, 역청탄), 무연탄으로 구분한다. 연갈탄에는 부식이 다량 함유되어 있고, 이탄, 갈탄, 역청탄에는 소량 그리고 무연탄에는 부식이 거의 없다. 이탄(피트)은 석탄의 일종으로 분류는 하지만 연료용 석탄과는 성질이 크게 다르다. 유연탄과 무연탄은 깊은 지하에 매몰되어 지압과 지열에 의해 석탄화된 것으로 주로 연료 에너지로 이용되지만, 흔히 피트로 불리는 이탄(peat, 초탄, 토탄)은 습지에 자라던 초본식물의 유체가 지표 가까운 얕은 지하에 퇴적되어 생성된다. 습지에서는 산소가 부족한 혐기상태이기 때문에 미생물의 분해작용이 억제되어 리그닌, 셀룰로오스 등이 불완전하게 분해된다. 이에 따라 피트는 황갈색 또는 암갈색의 부숙된 식물 조직이 육안으로 쉽게 식별된다. 피트는 국내에서도 채취되며 농업용 상토나 조경수 식재 용토로 이용되고 있다.

## # 피트모스는 이끼류의 유체가 퇴적되어 생성된 피트의 일종이다

피트모스는 이끼류(moss) 가운데 주로 물이끼(수태, sphagnum)의 유체가 얕은 지하에 퇴적되어 생성된 피트(peat, 이탄)의 일종이다. 물이끼는 주로 위도가 높은 한랭 늪지대에서 자생하며, 이런 곳은 여름이 짧아 물이끼류의 생장과 고사가 반복되며 그 유체가 표층에 쌓이고 미생물에 의한 분해와 탄화가 진행되어 넓고 깊은 피트모스 퇴적층이 형성된다. 피트모스는 부식은 거의 없고,

유체의 조직이 그대로 남아 있어 공극이 커 가볍고 배수성과 보수성이 좋아 원예용 상토로 이용되며, 특히 pH가 3.5 전후로 낮아 산성 토양에 적응된 블루베리 재배에 많이 이용되고 있다. 탄화 정도에 따라 연한 갈색, 진한 갈색, 흑갈색으로 구분되는데, 블루베리 재배에는 탄화가 덜 된 연한 갈색(영어로 white로 표현)의 거친 피트모스가 좋다. 세계적으로 캐나다, 시베리아, 북유럽 등지에 피트모스가 많이 매장되어 있다.

물이끼(수태, sphagnum)는 잎에 속이 빈 투명 세포가 있어 물을 잘 흡수하고 저장한다. 말린 수태는 수입되어 다시 물을 먹여 토피어리 제작, 난재배 등에 이용된다(위). 피트모스는 물이끼의 유체가 퇴적하여 오랜 기간에 걸쳐 부식, 탄화되어 형성된다(아래. 주로 북유럽, 캐나다 등지에서 수입되어 블루베리 재배 토양 개선에 많이 이용되고 있다.
* 사진 출처(물이끼) : 위키피디아


## 2. 묘목을 적기에 바르게 심는다

### 1) 심는 시기는 봄과 가을이다

묘목을 심는 시기는 봄의 4월 초순과 가을 10월 중순이다. 가을에 심으면 지역에 따라 동해의 위험이 있기는 하지만, 이듬해 활착이 빠르고 생육이 훨씬 좋아진다. 그래서 겨울이 추운 중북부 지방에서는 봄에 심고, 남부 지방에서는 가을에 심는 것이 좋다. 대개 포트 육묘한 것이기 때문에 심는 시기가 다소 늦거나 일러도 큰 문제는 없다.

### 2) 심는 방식을 선택한다

심는 방식으로 구덩이 심기, 올려 심기, 용기 심기가 있다. 구덩이 심기는 일정한 간격으로 구덩이를 파고 심는 방식이다. 구덩이 크기는 예정지 관리 여부에 따라 결정되어야 한다(앞서 기술한 구덩이 파기 참조). 용기 심기는 화분, 상자, 백 등 흙을 담을 수 있는 용기에 심는 것으로 최소한 '지름×깊이가' '60×40cm' 이상의 큰 용기를 준비해야 한다. 아니면 작은 용기에 심어 분갈이하면서 큰 용기로 옮겨도 좋다. 올려 심기는 낮은 이랑 아니면 평이랑을 만들고 그 위에 준비한 묘목을 얹어 놓고 주변에 식재 용토를 쌓아 심는 방식이다. 다시 말해 구덩이를 별도로 파지 않고 흙을 그루 주변에 쌓아 주는 방식이다. 가볍게 구덩이를 파서 올려 심기를 해도 된다.

### 3) 꼬인 뿌리를 헤쳐 심는다

포트묘는 묘목을 꺼내 얽히고 꼬인 뿌리를 풀어 헤쳐서 심는다. 경험적으로 뿌리를 헤쳐 주지 않으면 꼬인 뿌리가 가지의 생장을 방해할 수 있다. 그래서 가능하면 가위 등으로 밑면과 측면을 가볍게 갈라서 꼬인 뿌리를 잘라 주고 뭉쳐 있는 뿌리는 헤쳐 심도록 한다. 이때 뿌리가 다소 잘려 나가도 괜찮다. 심는 깊이는 포트에 심긴 깊이와 동일하게 심는다. 용기에 심을 때는 용기의 3/5 정도 용토를 채우고 묘목을 적당한 깊이로 심는다. 식재 후에 표면을 마사토나 밭 흙으로 살짝 덮어 주면 좋다. 그리고 그 위에 수피나 우드칩으로 두껍게 멀칭해 준다. 이때 물 줄 때 물이 용기 밖으로 흘러내리지 않도록 용기 깊이의 1/5 정도는 남겨둔다.

그림 4-3 2년생 포트묘, 분형근과 뿌리 헤치기

포트묘는 분형근을 형성한다. 분형근의 꼬이고 얽힌 뿌리는 헤쳐 심는 것이 좋지만, 2년생 정도의 어린 묘목은 그대로 식재해도 큰 문제 없다.

## 4) 심기 전후에 물을 충분히 준다

피트모스 또는 피트모스를 주재료로 만든 인공 토양은 미리 물을 충분히 먹인 후에 사용하는 것이 좋다. 건조한 상태로 이용하면 취급하고 다루기는 쉽지만 재식 후 충분히 물을 줘도 골고루 스며들지 않는 경우가 생긴다. 상황에 따라 건조한 인공 토양을 그대로 이용하는 경우는 묘목을 구덩이 또는 용기에 넣은 후 토양을 70% 정도 채운 후 물을 충분히 준 다음 완전히 흡수되었다고 판단될 때 나머지 토양을 채우고 가볍게 밟거나 눌러준다. 물 주기가 어려운 경우에는 가능하면 비오기 전에 심는다.

## 5) 재식 전 또는 후에 강전정을 해 준다

가을에 심은 것은 다음 해 봄에, 봄에 심을 때는 심기 전에 또는 심은 후에 바로 강전정을 해 준다. 강전정이란 묘목의 지상부 줄기를 10~20cm 정도 남기고 싹둑 잘라주는 것을 말한다. 묘목을 심고 그대로 두면 바로 꽃이 피어 열매를 맺고, 새로 나온 가지에도 꽃눈이 분화되어 영양생장이 크게 억제된다. 재식 후 1년은 수확을 포기하고 강하게 전정을 해 주면 새 가지가 적절한 위치에서 많이 나와 균형 잡힌 수형을 빠르게 잡을 수 있다. 나근묘(흙을 털어내 뿌리가 드러난 묘, 수입 묘는 대부분 나근묘이다)를 심을 때는 재식 전후 전정에 특히 신경을 쓰고, T/R율[top(지상부)/root(지하부 뿌리)]이 1 이하가 되도록, 뿌리 비중이 더 크도록 강전정을 해 준다.

한편 묘목 식재 후 강전정을 하지 않아도 된다는 농가도 있다. 그들에 따르면 병들거나 상처 나고 마른 가지 또는 아래로 처진 가는 가지 정도만 가볍게 잘라 주고, 모든 꽃눈을 제거해 주면 나름대로 수형을 잘 잡아가고, 강전정한 것과 비교하여 생육에 큰 차이를 보이지 않는다고 한다.

**그림 4-4** 재식 후 강전정과 그 후의 생장

재식 직후에 지상 10 20cm 부근을 잘라 주는 강전정을 하면 그 뒤에 절단면 부근에서 2~3개의 신초가 발생하고 이들이 각각 2, 3차 생장하면서 가지당 10여 개의 새 가지를 만들어 빠른 시간에 균형 잡힌 수형을 잡을 수 있다.

### 6) 그 밖에도 신경 써야 할 것들이 있다

타가수분을 유도하거나 수확기 분산을 위하여 몇 가지 품종을 섞어 심는 경우가 있다. 이때는 1열 또는 2열씩 교호로 식재하는 것이 좋다. 묘목을 심은 후 바람이 심한 지역은 지주를 세우고, 고라니, 토끼 등의 야생동물이 출몰하는 지역은 비료나 상토 포장지로 묘목 주위를 감싸 준다. 재식 직후에는 비료를 주지 않는다(그림6-19 참조).

## 3. 재식 후에는 반드시 멀칭을 해 준다

블루베리는 심은 후 두껍게 멀칭해 준다. 멀칭(mulching)은 나무를 심고 주변을 유기물이나 부직포 등으로 덮어 주는 것을 말한다. 멀칭해 주면 다음과 같은 효과를 기대할 수 있다.

> 토양 수분을 유지해 준다.
> 토양 온도를 유지해 준다.
> 잡초 발생을 억제해 준다.
> 토양 유실을 방지해 준다.
> 유기물질을 공급해 준다.

블루베리는 뿌리가 얕게 분포해 건조에 약하고 지온이 높으면 뿌리의 생장이 억제되므로 두껍게 멀칭하여 토양 수분을 유지해 주고 한여름 지온의 상승을 막아 주는 것이 좋다. 멀칭은 이랑 전체를 하면 좋고, 아니면 그루 주변 반경 50cm 범위는 반드시 해 줘야 한다. 유기물 멀칭의 경우는 10~15cm 정도로 두껍게 덮어 준다.

멀칭 재료는 우드칩(파쇄목), 바크(수피), 왕겨, 톱밥, 부직포(잡초 매트, 방초 매트), 차광망 등이 있다. 부직포를 덮어 줄 때는 유기물 멀칭을 하지 않는 이랑이나 고랑을 대상으로 한다. 유기농 재배에서는 초생재배를 권장하며 초생재배는 살아 있는 풀로 멀칭하는 것이다. 가정원예에서는 우드칩이나 수피를 사용하는 것이 바람직하다. 우드칩은 나무를 얇고 잘게 썰어 놓은 것으로 정원수 멀칭에 흔히 사용하는 자재이다. 유기물 멀칭은 부식이 되면 얇아지기 때문에 매년 보충해 주어야 한다. 한편 유기물 멀칭에 따른 습해, 특정 해충(굼벵이 서식)의 유입 등을 조심해야 한다. 소나무 우드칩이나 소나무 수피는 잘 썩지 않고 산도를 낮추며 굼벵이 서식을 막아 주기 때문에 농가에서 선호한다.

**그림 4-5** 우드칩(woodchip, 파쇄목)

블루베리 농사에 꼭 필요한 두 가지 자재로 피트모스와 우드칩을 꼽는다. 멀칭 재료인 우드칩은 나무를 파쇄하며 만드는데, 목질부는 조경용 고급 우드칩(아래 왼쪽) 제조에 쓰이고, 나머지 수피와 허드레 설물은 톱밥이나 에너지칩으로 만들어 판매하고 있다. 블루베리 밭에는 값이 싼 에너지칩(아래 오른쪽)을 주로 사용한다.

**그림 4-6** 여러 가지 멀칭 방법

멀칭 방법과 수단에는 여러 가지가 있다. ① 전면 우드칩, ② 이랑짚 멀칭, ③ 이랑우드칩＋고랑부직포, ④ 그루 주변 우드칩＋고랑 부직포, ⑤ 잣껍질 멀칭, ⑥ 초생재배.

## 다 큰 나무 옮겨심기

가까운 블루베리 농원에서 연락이 왔다. 이번에 사정이 생겨 폐원하려고 하니, 캐 가는 조건으로 싸게 가지고 가라고 한다. 심은 지 10년 된 성목이라고 했다. 성목을 갖다 심으면 바로 수확을 할 수 있으니 좋지 않을까 생각하고, 이웃한 선배에게 물으니 한사코 말린다. 성목을 옮겨 심어 성공한 사례를 보기 힘들다고 했다. 수백 그루 또는 몇 그루를 땅에 심든 용기에 심든 십중팔구는 실패한다는 것이다. 잘못 심어서 그런 건 아닐까. 실제로 이식에 성공한 농원도 있지 않은가. 흙을 많이 붙여 잘 떠 옮겨 심으면 문제가 없다고 하던데. 그랬더니 말이 성공이지 캐서 옮겨 심는데 비용과 노력이 너무 많이 들고, 옮김 몸살에 활착까지 시간이 걸리고, 강전정을 해 줘야 하기 때문에 바로 수확할 수 있는 것도 아니라고 반박한다. 그러면서 묘목을 심는 것이 훨씬 낫다고 주장한다. 결론은 성목도 옮겨 심을 수 있다. 다만 비용을 대비한 효과가 실용적이지 못한 데 있다는 것이다. 가성비를 감안하더라도 옮겨 심어야 할 경우라면 기본에 충실하면 된다. 땅에서 캐낸 것이든, 용기에서 꺼낸 것이든 또는 수송의 편의를 위해 흙을 털어낸 것이든, 묘목 심듯 하면 된다. 대개 실패하는 경우는 덩치가 커 심기의 기본에 충실하지 못했기 때문이다. 성목을 옮겨 심을 때는 기본에 더 충실해야 한다. 특히 옮겨 심은 후 바로 강하게 전정하여 첫 해는 수확을 포기하는 것도 그중 하나다.

▌성목 옮겨 심기

**성목 옮겨 심기의 기본 요령!**

1. 가급적이면 큰 구덩이를 파거나 큰 용기를 준비한다.
2. 준비한 유기물(피트모스＋왕겨＋마사토)을 물에 적신다.
3. 젖은 유기물로 뿌리 사이를 채우고 전체를 감싸 준다.
4. 나머지 유기물을 넣으면서 소량의 황가루를 뿌려 준다.
5. 파쇄목, 수피 등으로 두껍게 덮고 충분히 관수해 준다.
6. 이식 후에는 강하게 전정하고 그 해 수확은 포기한다.

## 4.3. 관수와 시비, 물 주고 거름 주기

필요하면 관수하되, 기상조건, 재배방식, 생육단계 등에 따라 관수량과 관수 횟수를 조절한다. 적당한 수분 부족이 생장에 도움이 될 수 있다. 블루베리는 비료 요구도가 상대적으로 적어, 화학비료 없이 유박이나 숙성퇴비 등과 같은 유기질 비료만으로도 재배가 가능하다.

## 1. 관수는 언제 어떻게 하나

### 1) 관수는 언제 할까

기상조건, 토양수분, 나무의 생육상태 등을 살펴보면서 관수 여부를 결정한다. 특별히 가뭄이 계속되면 관수를 해야 되며, 생육 단계별로 개화기, 착과 비대기, 꽃눈 분화기에는 특별히 신경 써서 관수해야 한다.

### 가. 날씨가 가물다 싶으면 관수한다

가뭄이 계속되면 관수를 해야 한다. 계절적으로 봄 가뭄이 심하고 때로는 장마 뒤에 여름 가뭄이 찾아온다. 이 시기에는 적절한 관수가 필수이다. 그리고 겨울에도 가뭄이 찾아오는 경우가 있기 때문에 겨울 관수에도 신경 써야 한다.

### 나. 흙을 손으로 만져 보고 관수한다

표토 10~20cm 정도의 근권 주변 흙을 손으로 한 움큼 취해서 꽉 쥐어짠 후 모양이 그대로 남아 있으면 적절한 수분 상태이다. 쥐어짜서 물이 새어 나오면 과습이고, 모양이 부서지고 흙이 흐트러지면 건조한 상태라고 보면 된다.

### 다. 설계에 따라 주기적으로 관수한다

피트모스를 주재료로 하는 식재 토양은 한 번 건조하면 물을 잘 흡수하지 못한다. 그래서 지속적으로 적정 수분 상태를 유지하도록 주기적으로 관수를 해야 한다. 특히 시설 용기재배에서는 관수량과 횟수를 정하여 주기적으로 관수한다.

### 라. 토양수분 상태를 측정하고 관수한다

토양수분의 변화를 연속적으로 측정할 수 있는 텐시오미터(tensiometer)라는 토양수분측정기를 사용한다. 수분측정기의 계기를 보고 관수시기를 결정한다. 기구의 측정원리, 설치방법, 기구관리의 요령을 충분히 숙지하고 사용해야 한다.

### 마. 특징한 생육 단계에 집중 관수힌다

나무의 생육과 관련하여 개화기, 착과와 과실비대기, 꽃눈 분화기에는 특별히 더 관수에 관심을 가져야 한다. 그리고 월동 전에 충분히 관수하여 땅이

**그림 4-7** 텐시오미터와 설치된 모습

사용설명서를 읽어 보고 설치 방법과 사용 후 보관 방법을 철저히 지킨다.

언 상태에서 월동시키고, 휴면 중인 겨울에도 가물면 따뜻한 날 오전 중에 관수해 준다.

### 2) 관수는 어떻게 하나

#### 가. 살수관수, 물을 공중에서 뿌려 준다

살수관수 장치로는 호스, 스프링클러, 스프레이 스틱, 미스트 분무장치가 있다. 텃밭이나 소규모 용기재배에서는 호스를 이용하지만 규모가 큰 농원에서는 스프링클러나 스프레이 스틱과 같은 자동 관수장치를 사용한다. 스프링클러나 분무장치는 수관 상부에 살수하는데, 설치와 이용 그리고 관리가 쉽고, 개화기에 얼음 코팅을 하여 냉해나 서리 피해를 막기도 하고(그림 6-12 참조), 고온기에는 잎의 온도를 낮추고 습도를 높여 생장을 촉진한다. 그렇지만 물의 소모가 많고, 과실의 성숙기에는 열과를 발생시킬 수 있어, 수관 하부, 그루 주변에 물을 집중적으로 뿌려 주는 미니 스프링클러나 스프레이 스틱을 많이 사용하고 있다. 모든 관수장치는 개별적으로 설치할 수도 있지만 가능하면 전문업체에 맡기거나 경험자의 도움을 받아 설치하는 것이 안전하다.

그림 4-8 **여러 가지 관수 방법**

농가에서 가장 선호하는 방식은 물을 절약할 수 있고 설치가 간편한 점적 테이프와 스프레이 스틱이다. 미스트 분무는 한여름에 엽온을 내릴 수 있으며 꽃봉오리에 얼음 코팅을 만들어 냉해를 방지하는 수단으로 이용할 수 있다. 스프링클러는 물 소비가 많아 잘 쓰이지 않는다. ① 점적 테이프, ② 스프레이 스틱, ③ 미스트 분무, ④ 스프링클러.

### 나. 점적관수, 물을 토양에 스며들게 한다

점적 버튼, 점적 테이프, 점적 핀, 점적 파이프(튜브) 등을 사용하여 물을 방울지게 배출하여 관수하는 방식으로는 지상점적, 지표점적, 지중점적의 세 가지 방식이 있다. 지상점적은 지상의 적당한 높이에 설치하여 물이 방울져 떨어지게 하는 방식으로 구멍이 막히지 않고 시비나 예초 작업을 할 때 편하다. 지표점적은 바닥에 까는 방식으로 농작업에 다소 불편한 점이 있지만 설치 작업이 간편하고 물이 서서히 스며들게 하는 이점이 있다. 지중점적은 관수효율이 높고, 농작업이 편리하며, 심근 발달을 촉진하는 등의 장점이 있지만 설치비용이 비싸다는 단점이 있다. 모든 점적관수는 관수량 조절이 쉽고, 물을 절약할 수 있으며, 낮은 수압으로도 가능하고, 액비 사용이 가능하다는 장점이 있다. 수압이 낮아 지형의 높낮이가 있을 때는 압력 보상형 점적 핀을 이용해야 하고, 사질 토양에서는 관수되는 부분이 작아 효과가 떨어지고 관수 구멍이 자주 막혀 불편하다는 점을 감안하면서, 근권 부위에 물이 골고루 떨어지도록 관수 라인을 잘 조정해야 한다. 물을 배출하는 부위의 구멍이나 노즐이 막히는 경우가 자주 발생한다. 점적 시설을 지중에 묻거나 표면에 설치하면 야생동물이 피해를 입기도 하고 때로는 예초기 칼날에 파손될 수도 있다. 따라서 토양관리 방법에 따라 필요하면 지상 30cm 이상 공중 거치식으로 설치해야 한다.

## 3) 관수는 얼마나 몇 번이나 해야 할까

블루베리 과원의 단위면적당 적정 관수량을 계산할 수 있다. 유지해야 할 토양수분 함량과 현재의 토양수분 함량을 측정하거나 또는 작물의 증발산량을 측정하고, 해당 양만큼 보충해 주는 관수량 계산법이 있다. 그렇지만 블루베리는 개개 나무별로 관수하는 것이 일반적이기 때문에 수령별 주당 관수량에 관심을 갖는다.

블루베리 나무와 토양으로부터의 증발산량을 기준으로 계산한 주당 관수량을 제시하고 있는데(농촌진흥청, 2010a), 노지에서 생육 성기에 5일 간격으로 관수할 때 주당 관수량은 북부하이부시의 경우 재식 후 1~2년생은 10~15L, 3~6년생은 20~25L, 7년생 이상은 45L이다. 하우스재배의 경우 여름에는 매일, 봄과 가을에는 일주일에 3~4회, 겨울에는 1주일에 1회 하고, 주당 1회 관수량은 재식 후 1~2년생은 2L, 3~4년생은 4L, 5~6년생은 6L를 기준으로 한다.

이처럼 이론적인 관수량과 관수 횟수가 있을 수 있지만 상황에 따라 얼마든지 달라질 수 있다. 계절과 기온에 따라 다르고, 멀칭과 재배방식에 따라 다르고, 나무의 나이에 따라서도 다르기 때문이다. 특히 토성에 따라 관수량과 관수 간격이 다른데, 점토 함량이 높으면 관수량을 늘리고 대신에 관수 간격도 길게 한다.

## 물 주기와 관련한 몇 가지 팁

토양수분과 나무의 상태를 항상 살펴라.

토양이 건조하다 생각되면 관수해 줘라.

약간의 건조는 생육에 이로울 수 있다.

지나친 관수는 습해를 일으킬 수 있다.

월동 후 2월과 봄 가뭄에 신경 써야 한다.

착과 후 과실비대기에는 관수가 중요하다.

수확 후 건조하면 꽃눈 분화가 잘 안 된다.

피트모스는 한 번 마르면 재흡수가 어렵다.

월동 전 흠뻑 관수하여 얼려 월동시켜라(특히, 용기나 포트).

겨울에도 건조하면 따뜻한 날 물을 줘라.

겨울에 물 주고 그 후에 꽁꽁 얼어도 괜찮다.

용기재배는 관수에 더 많이 신경 써야 한다.

## 물 자주 주면 뿌리 버릇없어진다

토마토는 모종을 심고 일주일 이상 물을 주지 않는다. 모종이 시들어 죽을 것처럼 보이는데도 그냥 놔둔다. 뿌리를 길들이기 위해서이다. 뿌리는 수분이 부족하면 물을 찾아 깊이 뻗어 내려가는 버릇이 있다. 이 과정을 거쳐 뿌리가 제대로 자리를 잡으면 줄기와 잎이 안정적으로 생장할 수 있으며, 결과적으로 훨씬 크고 맛있는 과실을 생산할 수 있다. 그런데 토양에 수분이 충분하면 뿌리의 생태 습성이 사라진다. 즉, 뿌리의 태생적 버릇이 없어진다. 그리고 수분이 조금만 부족해도 스트레스를 받아 쉽게 건조장해를 일으킨다. 이런 관점에서 볼 때 물은 적절히 주되 때로는 다소 건조하게 관리하는 것이 좋다. 적절한 스트레스는 식물을 더 강건하게 만든다.

사과, 배, 복숭아와 같이 넓은 과수원에도 대부분 관수를 해 준다. 나무마다 점적 관수장치를 매달아 뿌리 주변을 촉촉하게 적셔 준다. 이러다 보니 뿌리가 깊이 내려가지 않는다. 뿌리 입장에서 보면 가까운 주변에 수분이 충분한데 수고스럽게 깊이 내려갈 필요가 없는 것이다. 그래서인지 요즘 과수들은 점차 뿌리가 천근화되어 가고 있다. 뿌리가 얕게 분포하여 바람에 쉽게 쓰러진다. 과수들이 전 같지 않게 약해져서 병충해 피해도 많아지고 과실의 품질과 생산성도 크게 떨어진다는 주장을 펴기도 한다. 뿌리가 본연의 버릇을 잊어버려 그리 되었다는 이야기다.

블루베리는 뿌리가 지표 근처에 얕게 분포하여 건조에 약하고, 작은 수분 스트레스에도 피해를 크게 입는다. 그래서 관수는 필수이고 심지어는 겨울에도 관수를 해야 한다고 한다. 그렇지만 자연 강우에만 의존하여 재배하는 농가도 있다. 산지에 심어 관수가 불가능한 곳에서 재배하는 경우도 있다. 이런 곳에서는 지독한 가뭄에도 스스로 잘 견딘다. 한 유기농재배 농가는 초생재배를 하면 관수의 필요성을 거의 느끼지 못한다고 한다. 어느 정도의 강수량만 확보되면 관수 없이도 가능하다는 것이다. 문제는 극심한 가뭄 조건을 만나면 어떻게 되겠는가 하는 것인데, 경험한 바에 따르면 심한 스트레스로 과실이 작아지고 수량이 떨어졌지만 나무가 말라죽는 일은 없었다. 하기야 산에 있는 나무들이 가뭄으로 말라죽은 사례를 본 적이 없지 않은가.

이쯤에서 관수 문제를 다시 한 번 생각해 본다. 블루베리 농사에서 관수를 반드시 해야 하나? 한다면 어떻게 하는 것이 좋을까? 농가들의 관수 모습은 각양각색이다. 주인의 성격에 따라 교과서적인 관수를 하기도 하고, 토양수분측정기를 매설하고 정밀관수를 하기도 한다. 그런가 하면 관수시설을 해놓고도 관수를 하는 둥 마는 둥 하기도 한다. 심한 경우는 관수시설도 없고 아예 관수를 하지 않는다. 현대 농업에서 관수는 필수이고 블루베리 농사에도 관수가 중요하다. 용기재배나 시설재배에서는 반드시 필요하다. 그러나 노지재배에서는 관수가 반드시 필요한지 여부는 한 번 더 생각해 볼 일이다. 관수를 하더라도 꼭 필요한 경우에만 적절한 관수를 해야 한다. 지나친 관수는 습해를 유발할 수 있고, 잦은 관수는 나무를 약하게 키우는 결과를 초래할 수 있다. 관수는 최소한에 그치고, 적당한 건조 스트레스가 나무를 더 강하게 키운다는 점을 잊지 말자.

## 2. 시비는 무슨 비료를 얼마나 어떻게 주나

비료의 3요소인 질소, 인, 칼륨이 중요하며, 이 성분들은 유안, 요소, 복합비료의 비료 형태로 공급해 준다. 블루베리는 비료요구도가 상대적으로 적어, 화학비료 없이 유박이나 숙성퇴비, 어분 등과 같은 유기질비료만으로도 재배가 가능하다.

### 1) 무슨 비료를 선택해야 하나

블루베리에 주로 사용되는 화학비료와 유기질비료로 나눈다. 화학비료는 주요 성분에 초점을 맞춰 질소질 비료(유안, 요소), 인산질 비료(과린산석회, 용성인비, 용과린), 칼리질 비료(황산가리, 염화가리)로 나뉜다. 그리고 이 비료 성분 요소를 2가지 이상 함유한 것을 복합비료라고 한다. 복합비료는 성분의 종류와 그들의 배합비율이 다양하며 3요소 외에도 마그네슘, 붕소, 유기물 등을 함유하는 것도 있다. 블루베리에 적합한 복합비료는 질소 : 인산 : 칼륨의 성분비율이 1 : 1 : 1로 동일하며, 가능하면 산성 비료가 들어 있는 것을 권하고 있다. 블루베리의 생육 특성을 고려하여 만든 전용 복합비료도 개발되어 이용되고 있다.

표 4-2 블루베리에 사용되는 주요 비료의 종류별 3요소 성분량(%)

| 구분 | 비료의 종류 | | 질소 | 인산 | 칼리 |
|------|-----------|------|------|------|------|
| 화학비료 | 질소질 비료 | 유안 | 21 | – | – |
| | | 요소 | 46 | – | – |
| | 인산질 비료 | 과린산석회 | – | 17 | – |
| | | 용과린 | – | 20 | – |
| | 칼리질 비료 | 황산가리 | – | – | 50 |
| | | 염화가리 | – | – | 60 |
| | 복합비료 | (11-11-11) | 11 | 11 | 11 |
| 유기질비료 | 유박 | | 4 | 2 | 1 |
| | 어분 | | 9 | 6 | – |

유기질비료는 유박, 어분, 골분, 발효퇴비가 있으며, 가축의 분뇨를 주재료로 하여 만든 축분퇴비(두엄)는 토양 pH를 상승시키기 때문에 피하는 것이 좋다. 유기질비료에도 무기성분이 들어 있는데, 특히 생선 부산물을 가공하여 만든 어분에는 질소와 인산의 함량이 유박 등에 비하여 높다. 유기질비료는 토양 물리성을 개선하고 미생물 활동을 돕는 효과가 크다.

그림 4-9 블루베리 맞춤형 비료와 유기질비료

화학비료를 사용하는 경우는 맞춤형 전용 복합비료를 수령과 생육 단계별로 추천량을 시비한다. 유기질비료로 어분, 골분, 유박, 미생물 발효퇴비 등을 사용하며 비효를 고려하여 이른 봄이나 수확 직후에 준다.

## 질소는 가속기, 칼륨은 변속기, 인은 제동기

질소(N), 인(P), 칼륨(K)을 비료의 3요소라고 부른다. 경작지에서 작물이 가장 많이 필요로 하는 성분이라는 뜻이다. 누군가 이 3요소를 자동차 부품에 비유했다. 크게 보면 그럴듯하고 근거가 있어 보인다. 질소는 가속기(액셀러레이터)이다. 밟으면 밟을수록, 연료를 주면 줄수록 속도가 올라가는 가속 페달처럼 질소는 주면 줄수록 생장속도가 빨라진다. 질소는 생장을 주도하는 아미노산, 단백질, 효소, 엽록소, 비타민, 호르몬 등을 만드는 주요 성분이기 때문이다. 칼륨은 변속기(트랜스미션)로 생장속도를 조절하는 역할을 한다. 칼륨은 수분의 흡수와 이동, 물질의 전류, 기공개폐를 조절하는 기능이 있다. 이런 조절기능으로 식물의 생장속도를 조절하니 변속기가 맞는 것 같다. 인은 제동기(브레이크)에 비유할 수 있다. 일단 각종 유기인화합물(핵산, 인지질, ATP, 당인산 등)을 만들어 생장에 쓰이는 원료를 인이 나누어 쓰기 때문에 질소에 의한 고속 생장에 제동을 걸어 속도를 낮추어 준다. 그리고 인은 꽃눈 발달과 종자 형성을 촉진하여 생식생장을 이끈다. 생식생장으로 전환되면 영양생장이 멈추므로 제동기라 할 만하다. 블루베리 재배에서 가지 생장의 속도 조절이 필요할 때가 있다. 수확 후 발생하는 여름가지와 가을가지는 가급적 생장을 억제시키는 것이 바람직하다. 그래서 블루베리는 수확 후 늦은 질소 시비를 금하고 있다. 질소 시비는 약하게 하거나 아예 주지 않는 것이 좋다고도 한다. 대신에 칼륨과 인산 비료를 공급하여 가지 생장에 제동을 걸어 준다. 수확 후 예비로 인산과 칼륨 중심의 시비를 권장하는 것은 바로 이 때문이다. 블루베리 맞춤형 전용 비료 가운데 수확 후 주는 비료에는 질소가 없거나 소량 포함되고, 대신에 인산과 칼륨이 많이 함유되어 있다.

## 2) 시비량은 추천량을 참고하여 결정한다

시비량은 이론적으로 계산이 가능하다. 작물의 흡수량에서 천연 공급량을 빼고 이것을 비료성분흡수율로 나누면 시비량이 나온다. 이론적 시비량과 비료시험을 통해 블루베리의 주당 추천(표준)시비량이 제시되고 있다. 면적기준으로 추천되는 성분 시비량의 예를 보면 성목기준으로 10a(300평)당 4~8kg인데 주당으로 환산하면 대략 15~30g이다. 일반적으로 블루베리의 주당 3요소 시비량 비율은 N(1) : P(1) : K(1)로 동일하다. 물론 지역에 따라 질소를 인산이나 칼리보다 2배 정도 많이 추천하는 경우도 있다. 2년생 묘목을 기준으로 재식 후 연수에 따른 성분 시비량의 한 예와 그에 따른 비료 종류별 시비량을 환산해 보면 〈표 4-3〉과 같다. 예를 들어 재식 3년차 요소별 성분량은 모두 주당 14g이 추천 시비량이다. 유안비료를 사용하는 경우 시용량은 약 67g이다. 이것은 유안의 질소 성분 함량이 21%이기 때문에 (100/21)×14=66.7g과 같은 계산에 근거한 것이다. 말하자면 유안 67g을 시용하면 질소 성분 14g을 시비하는 것이 된다는 뜻이다.

**표 4-3** 재식 연수에 따른 질산, 인산, 칼리, 복합비료의 연간 주당 시비량(g/주)

| 재식 후 연수 | N, P, K (성분량) | 질소비료 유안(21%) | 질소비료 요소(46%) | 인산비료 용과린(20%) | 칼리비료 황산칼리(45%) | 복합비료 (11-11-11) |
|---|---|---|---|---|---|---|
| 1 | 6 | 29 | 13 | 30 | 13 | 55 |
| 2 | 9 | 43 | 20 | 45 | 20 | 82 |
| 3 | 14 | 67 | 30 | 70 | 30 | 127 |
| 4 | 23 | 110 | 50 | 115 | 50 | 209 |
| 5 | 28 | 142 | 63 | 140 | 63 | 255 |
| 6 | 31 | 156 | 69 | 155 | 69 | 282 |
| 7 | 40 | 198 | 88 | 200 | 88 | 364 |
| 8 | 45 | 227 | 101 | 225 | 100 | 410 |

연수별 성분량 : 농촌진흥청(2010a), 하이부시블루베리 노지재배 매뉴얼에서 재인용함.

### 3) 시비량은 상황에 따라 조정해야 한다

이론적으로 계산한 시비량과 그에 근거한 표준(추천)시비량이 있지만 실제로는 나무의 수세, 기상조건, 토양에 남아 있는 양분 등을 고려하여 결정한다. 실제 시비량 결정에 흔히 사용되는 방법으로는 토양분석과 엽분석이 있다. 이런 분석을 통해 토양과 식물체의 양분상태를 파악한 후 시비량을 가감 조절해 준다. 토양분석은 과원의 토양을 분석하여 그 안에 함유된 무기양분의 양을 측정하여 시비량을 결정하는 방법이다. 현재 우리나라에서는 토양시료를 채취하여 근처 농업기술센터에 분석을 의뢰하면 염류 농도, 토양 산도, 유기물 함량과 함께 주요 원소별 함량을 알려주며 아울러 시비 처방도 해 준다. 엽분석은 과수의 잎을 채취하여 무기양분을 분석하여 나무의 영양상태를 보고 시비량을 결정하는 것이다. 블루베리의 엽분석은 과실을 30% 정도 수확했을 때부터 약 1달간의 잎을 채취한다. 주로 결과지의 4~6번 마디에서 건강한 잎을 주당 5장씩 해서 10개의 나무에서 채취한다. 질소의 예를 보면 17.6~20.0g/kg이며, 그 이하면 부족, 그 이상이면 과다라고 판정한다.

### 4) 시기별로 나누어 그루 주변에 준다

#### 가. 단종비료

인산비료는 토양 중 이동이 거의 없기 때문에 3월 중에 전량 밑거름으로 사용한다. 질소와 칼리는 쉽게 유실되기 때문에 수회에 나누어 주는 것이 좋다. 지역에 따라 또는 연구자에 따라 분시 방법이 다른데 보통 꽃눈 발아기에 10%, 착과기에 30%, 착색기에 40%, 수확 후에 20%로 나누어 준다.

#### 나. 복합비료

재식 후 1년차에는 〈표 4-3〉에서 추천한 복합비료(11-11-11) 55g을 나누어 주는데, 심고 나서 6주 후에 20g, 그 후 6주 후에 20g, 다시 6주 후에 15g을 준다. 2년차에는 3회, 3년차부터는 4회 시비하는데, 추천 시비량을 균등하게 나누어 1차는 발아 전 3월 중, 2차는 그 후 6주, 3차는 그 후 6주, 4차는 수확 직후 7월 중에 예비(禮肥, 수확후 감사의 뜻으로 주는 비료)로 시용한다.

### 다. 기타 비료

유박이나 발효퇴비를 이른 봄이나 수확 직후에 추천량을 준다. 어떤 경우든 마지막 시비는 늦어도 8월 안에 마치도록 한다. 시비 시기가 늦으면 가지 생장이 늦게까지 일어나 연약한 상태로 휴면에 들어가 꽃눈 분화도 부실하고 동해도 쉽게 받는다. 시용 방법은 나무 중심에서 20~30cm 떨어진 부위에 빙 둘러 뿌려 주고 흙을 헤쳐 속으로 스며들도록 해 준다. 그리고 재식 후 연수가 늘어가면서 시비 위치를 넓혀 가도록 한다.

## 5) 물탱크에 용해시켜 주기도 한다

관비(灌肥, fertigation)는 관수를 겸한 시비라는 뜻이다. 관주시비라고도 하는데 관수시설을 이용하여 관수를 할 때 비료를 물탱크에 용해시켜 사용하는 방식이다. 주로 질소와 칼리 비료를 대상으로 하는데 성분량으로 50ppm으로 희석하여 사용한다. 물 1톤(1000kg)에 성분 1g을 녹이면 1ppm이 되기 때문에 50g을 녹이면 50ppm이 된다. 실제로 비료를 사용하는 경우에는 비종별 성분 함량을 고려하여 비료량을 계산해서 넣어야 한다. 〈표 4-4〉는 물탱크 용량에 따라 50ppm 용액을 만드는 데 소요되는 비종별 1회 첨가량을 계산한 것이다. 예를 들면 1톤짜리 물탱크인 경우 유안의 경우 238g을 넣어 녹이면 질소 성분 50ppm의 용액이 된다는 뜻이다. 총시비량과 시비 시기를 고려하여 수회에 나누어 주는 것이 좋다. 블루베리 재배 토양은 배수가 잘 되기 때문에 한꺼번에 많이 시비하면 비료가 낭비되고, 경우에 따라서는 염류 농도 장해를 받을 수 있다. 가능하면 저농도로 소량씩 여러 회로 나누어 주도록 한다.

| 표 4-4 | 탱크 용량에 따라 50ppm 농도를 만들기 위한 비종별 1회 첨가량(g) | | |
|---|---|---|---|
| 물탱크 용량(톤) | pH 5.2 이상<br>유안(21%) | pH 5.2 이하<br>요소(46%) | 황산칼리(45%) |
| 1 | 238 | 109 | 111 |
| 3 | 714 | 326 | 333 |
| 7 | 1,667 | 761 | 778 |
| 10 | 2,381 | 1,087 | 1,111 |

한국블루베리협회 뉴스레터(32), 2017, 김홍림.

## 하이부시블루베리 노지재배 시비의 예

### 예 1. 복합비료, 연 3회 시비

1회는 밑거름으로 11월 월동 전 또는 3월 출아 전에 60%를 준다.

2회는 웃거름으로 5월 착과기에 20%를 준다.

3회는 웃거름으로 7월 수확 후에 20%를 준다(예비).

### 예 2. 복합비료 연 4회 시비, 6주 간격

1회는 출아 전 25%를 준다.

2회는 개화 전 25%를 준다.

3회는 착과 전 25%를 준다.

4회는 수확 후 25%(가급적이면 인산과 칼륨 중심의 복합비료 권장함)를 준다.

### 예 3. 유기질비료 연 2회, 화학비료는 사용하지 않음

1회는 수확 후 유박 추천량(가급적이면 수확 직후 바로 시비함)을 준다.

2회는 출아 전 발효숙성퇴비 추천량을 준다.

## 거름 주기와 관련한 몇 가지 팁

블루베리는 비료의 요구도가 상대적으로 낮다.

시비가 지나치면 대책이 없어 모자람만 못하다.

질소질 비료의 과용은 절대적으로 금해야 한다.

토양 pH를 높이는 축분퇴비는 피하도록 한다.

가능하다면 유안과 같은 산성 비료를 사용한다.

주축지 가까이에 퍼붓는 집중 시비를 피한다.

8월 이후에는 가급적이면 시비를 하지 않는다.

유박, 발효숙성퇴비만으로도 재배가 가능하다.

비료는 토양 중에 들어가야 분해되고 흡수된다.

비효는 토양수분, 지온, 미생물 등이 결정한다.

## 블루베리는 호(好)암모니아성 과수이다

식물은 2가지 형태로 질소를 흡수한다. 암모늄 이온($NH_4^+$)과 질산 이온($NO_3^-$)이 바로 그것이다. 이 둘은 염을 만들기 때문에 암모늄염, 질산염으로 부르기도 하고, 질소의 흡수 형태라고 해서 암모늄태 질소, 질산태 질소라 부르기도 한다. 이 가운데 암모늄태는 물속에서는 암모늄 이온이지만, 세포막 이동이나 동화작용에 참여할 때는 암모니아(기체)로 행동한다($NH_4^+ \rightarrow NH_3 + H^+$). 그래서 '호암모니아성'이라는 말을 사용한다. 질소의 2가지 흡수 형태는 토양 중에서 미생물, 산소 농도 등의 조건에 따라 암모늄태는 질산태로, 질산태는 다시 암모늄태로 변하기도 한다. 대부분의 밭작물은 질산태 질소를 많이 흡수하는데 산성 토양에서 잘 자라는 소나무, 진달래, 블루베리는 질산태보다 암모늄태 질소를 더 잘 흡수한다. 블루베리에서 위 2가지 형태의 질소 시비 효과를 비교해 보면 토경이나 수경이나 암모늄태 질소 시비구에서 뿌리와 신초의 생장이 훨씬 더 좋다. 그렇다면 블루베리가 암모늄태 질소를 좋아하는 이유는 뭘까. 일반적으로 질산태 질소는 흡수 후에 뿌리 아니면 잎에서 암모늄태 질소로 다시 환원되어 아미노산으로 동화되며, 이 과정에 관여하는 효소가 질산환원효소(철과 몰리브텐 함유)이다. 진달래과 식물은 뿌리에서 질산 환원이 일어나며, 이 작용은 잎에서 일어나는 광합성의 도움을 받아야 일어난다. 그리고 관련 효소는 햇빛에 의해 활력도가 높아지기 때문에 낮에는 활력이 높고 밤에는 떨어지는 효소역가의 일변화를 보인다. 그래서 뿌리에서는 질산환원효소의 역가, 즉 활성도가 상대적으로 떨어지고, 그에 따라 질산태 질소의 동화 능력이 상대적으로 낮기 때문에 블루베리는 암모늄태 질소를 선호한다. 암모늄태는 앞서의 질산환원 과정을 거치지 않고 곧바로 동화작용에 가담할 수 있기 때문이다. 다시 말해 블루베리는 질산태 질소를 흡수하면 소화(동화)를 제대로 못 시키기 때문에 암모늄태 질소를 선택하는 것이 유리하다. 블루베리의 수경재배에서 질산태 질소만을 사용해도 어느 정도까지는 잘 자란다. 그러니까 질산태 질소를 전혀 이용하지 못하는 것은 아니다. 다만 이용효율이 떨어지기 때문에 불리하다는 의미이다.

## 지나친 시비는 모자람만 못하다

모든 농사에 적용되는 말이다. 시비는 지나치면 해가 되고, 차라리 모자람만 못하다. 앞서 언급한 것처럼 블루베리는 비료요구도가 낮아 시비의 필요성이 크지 않다. 이 말은 비료를 안 주는 것이 좋다거나 비료를 적게 주는 것이 좋다는 뜻이 아니다. 안 주고 적게 줘도 어느 수준까지는 잘 큰다는 의미이다. 블루베리도 적절히 시비하면 생장이 촉진되고 수량이 크게 늘어난다. 상업적인 재배에서 무조건 크게 키워 많은 수량을 얻는 것이 목표라면 시비를 계획적으로 해야 한다. 그러나 유기농재배 농가에서는 당연히 화학비료를 사용하지 않는다. 유기질비료(발효퇴비, 어분, 유박 등)만으로 재배해야 하고 그렇게 재배해도 크게 문제가 발생하지 않는다. 유기질비료에 함유된 질소, 인산, 칼륨은 그 양이 극히 미미하다. 그런데도 나무는 잘 크고 수량과 품질도 수용할 만한 수준을 유지한다. 나무는 상대적으로 작고 수량도 떨어지는 것은 맞지만(결코 떨어지지 않는다고 주장하는 농가도 있다), 수량에 집착하지 않는다면 화학비료를 사용하지 않고도 얼마든지 가능한 농사가 블루베리이다. 게으름의 농사에서 확인한 바로는 일체의 비료를 사용하지 않고서도 영양결핍 증상을 볼 수 없었다.

산과 들에 자라는 나무들을 보자. 비료를 주지 않아도 잘 자란다. 자연생태계의 순환고리만 끊기지 않으면 자연에서 공급되는 천연비료로 충분히 정상적인 생장이 가능하다는 것이다. 오늘날의 농사는 작물을 심어놓고 너무 지나치게 간섭을 많이 하는 경향이 있다. 지나친 시비로 생기는 문제가 염류 농도장해 현상이다. 토양 속에 축적되는 비료가 블루베리 잎을 태우고 말라 죽인다. 모자라면 좀 더 주면 되지만 지나치면 대책이 없다. 최소한의 간섭으로 모자란 듯한 시비로 나무를 키우는 것이 중요하다.

4.4. ## 토양관리와 나무의 결실관리

> 토양 산도는 황가루를 시용하여 pH 4.5를 목표로 관리하고, 과원의 표면은 유기물이나 부직포로 멀칭해 주거나 초생재배를 한다. 재식 후 성목이 되면 착과를 촉진하고 착과량을 조절해 준다. 착과를 촉진하기 위해 방화곤충을 투입하여 수분(꽃가루받이)을 도와준다.

## 1. 과원 토양은 지속해서 관리해야 한다

토양관리의 주 내용은 토양 산도 조정과 유지, 멀칭, 유기물 보충, 하층토 관리이다. 토양 산도는 황가루를 시용하여 pH 4.5를 목표로 관리하고, 그루 주변에는 주기적으로 유기물(피트모스)을 보충해 주고, 과원의 표면은 유기물이나 부직포로 멀칭해 주거나 초생재배를 하며, 하층토는 적당한 시기에 굳어진 심토를 파헤쳐 통기성과 배수성을 높여 준다.

## 1) 토양 산도는 pH 4.5 전후를 유지한다

북부하이부시의 재배에 적합한 토양 산도는 pH 4.5 전후의 범위이다. 재식할 때 맞춰 준 토양 pH는 매년 조금씩 올라간다. 따라서 주기적으로 토양 pH를 측정해 보고, 적정 pH를 유지하기 위한 노력이 필요하다. 현재 가장 손쉽게 할 수 있는 방법은 황가루를 살포하는 것이다(그림 3-4 참조). 주축지 밑동 주변에 소량씩 뿌려 주는데, 황가루를 투입하면 토양 중 황산화 세균이 작용하여 황을 황산으로 산화시켜 pH를 낮춘다(이소영, 2016). 토양미생물 작용으로 이루어지는 것이기 때문에 황가루 투여 효과는 최소한 4~6개월 정도 지나야 나타난다. 이런 점을 감안하여 황가루는 전년도 가을에 미리 사용하는 것이 좋다. 토양 pH를 변화시키기 위한 주당 황 요구량은 〈표 4-5〉와 같다. 이 표에 따르면 토양 pH 1을 낮추는 데 필요한 시용량은 주당 40g 정도이다. 황가루는 중심 근권 외곽으로 살포하고 가급적 흙으로 가볍게 덮어 주거나 땅속에 스며들도록 해 준다.

**표 4-5** 토양 pH를 변화시키기 위한 주당 황 요구량(사양토 기준, g/주)

| 현재 토양 산도(pH) | 희망하는 토양 pH | | |
|---|---|---|---|
| | 5.5 | 5.0 | 4.5 |
| 8.0 | 95 | 123 | 141 |
| 7.5 | 79 | 105 | 123 |
| 7.0 | 62 | 88 | 105 |
| 6.5 | 44 | 70 | 79 |
| 6.0 | 18 | 44 | 62 |

Clemson Extension (Dr. Mitchell), Clemson Univ.

황가루 외에 황산, 초산, 구연산 등을 관수시설을 이용하여 관주하는 방법도 있다. 이 경우는 적정농도 관리와 약제 취급에 세심한 주의가 필요하다. 실례로 물 1톤(1,000L)에 구연산 1kg(1,000배액)을 용해시켜 pH 3.0으로 조정된 용액을 토양에 수 차례 관주해 준다. 이렇게 산성 용액을 만들어 토양에 관주하면 산도를 신속하게 조절할 수는 있지만 토양 미생물과 생태계에 부정적인 영향을 미칠 수 있으므로 적극적으로 추천하지는 않고 있다.

## 2) 토양 표면은 항상 뭔가로 덮여 있어야 한다

재식 후에 한 멀칭은 계속 관리해 주어야 한다. 품질에 따라 수명이 다르지만 부직포는 3년, 잡초 매트는 5년 정도 지나면 낡아서 쉽게 찢어진다. 고정핀도 느슨해지고 빠지기 쉬운데 필요에 따라 보수하고 새것으로 갈아 준다. 차광망을 피복한 경우는 잡초의 생육기간에만 피복하고 이외의 기간에는 벗겨두기도 한다. 유기물 멀칭의 경우는 매년 부식이 진행되어 얇아지기 때문에 두께가 10cm 이상 유지되도록 계속 보충해 준다. 이때 너무 두꺼우면 굼벵이가 서식할 수 있으니 주의한다. 평소에도 주변에서 값싸고 쉽게 구할 수 있는 멀칭 재료가 있으면 수시로 구입하여 농장 한편에 준비해 둔다. 예를 들면 벌목한 나무를 구해 준비해 두었다가 농한기에 농업기술센터에서 파쇄기를 빌려 우드칩을 만들어 멀칭에 이용하면 좋다.

과수원의 토양 표면 관리법의 하나로 초생재배(sod culture)가 있다. 초생재배는 자생하는 풀을 그대로 두고 잔디뗏장(sod)처럼 만들어 표면을 덮는 것을 말한다. 과수의 유기농재배는 반드시 초생재배를 해야 한다. 일부 잡초 뿌리는 블루베리 근권으로 침투하여 피해를 줄 수 있기 때문에 예초를 자주하여 생장을 조절해 줄 필요가 있다. 재식 직후에는 양수분의 경합으로 블루베리 생육이 억제되기 때문에 재식 후 3년 이상 되었을 때부터 초생재배를 시작하는 것이 좋다. 주로 이랑의 고랑 부위에 풀들이 적당히 자라면 예초하여 표면을 덮어 준다. 블루베리 초생재배에 헤어리베치, 보리, 호밀 등과 같은 녹비작물을 재배하기도 하지만 토종 풀, 말하자면 잡초를 그대로 방치했다가 예초하는 경우가 대부분이다.

### 3) 단단해진 토양을 풀어 주고 유기물을 보충한다

일반적으로 과원의 토양은 시간이 경과하면서 사람들이 나무 주변, 특히 뿌리가 분포하는 부분을 밟아 토양이 단단해진다. 이러한 사례는 논 토양, 점질토에 개원한 농원이나 사람들이 빈번하게 드나드는 관광 체험 농장에서 많이 볼 수 있다. 표층토는 유기물을 멀칭하면 굳어지는 것을 막을 수 있다. 또한 겨울철에 얼었다 녹았다를 반복하면서 부드러워진다. 그래서 월동 전에 충분히 관수하여 땅이 얼도록 하는 것이 좋다.

그런데 표토가 지나치게 얇고 그 아래 하층토가 단단해지면 나무 생육이 불량해지고 과실 품질과 수량이 떨어지고 경제적 수령도 단축된다. 재식 7~8년 후 과실 수량이 안정적이고 수세가 나름대로 정착될 무렵에 생육이 부진한 과원은 일단 하층토에 문제가 있다고 보면 된다. 이런 경우는 근권 주변이나 하층토의 굳은 땅을 풀어 배수성과 통기성을 개선하여 수세를 회복시켜야 한다. 과원의 조건에 따라 4~5년에 한 번씩 주축지 밑동 주변 이랑 파기, 심토파쇄 등의 방법으로 근권 영역을 넓혀 주거나, 굳은 땅을 풀어 준다.

이랑 파기는 주축지 밑동 주변을 적당한 깊이로 파서 유기물을 투입하여 뿌리 뻗음을 도와주는 것이다. 수관 아래에 다소 안쪽에서 바깥쪽으로 걸치도록 하여 폭 30cm, 깊이 30cm 정도로 흙을 파고 새 피트모스를 묻어 준다. 한쪽 면만 파고 다음 해에 다른 한쪽 면을 파고, 그루사이가 넓은 경우는 4년에 걸쳐 동서남북 쪽을 차례로 파는 것이 좋다. 현실적으로 어렵거나 불편하면 2~3년에 한 번씩 피트모스와 황가루를 고랑의 흙과 함께 로터리로 섞어 이랑과 그루 주변에 집중적으로 살포하는 형식으로 덮어 준다.

심토파쇄는 고랑 부분의 단단한 하층토나 경반층을 심토파쇄기로 갈거나 흔들어 굳은 토양을 풀어 주는 것을 말한다. 심토파쇄기는 크게 쟁기형과 폭기식이 있는데, 쟁기형은 파쇄날을 70cm 깊이의 경반층까지 삽입하여 트랙터로 견인하는 방식이고, 폭기식은 공기 주입봉(노즐)을 60~100cm 깊이까지 삽입하여 압축한 공기를 주입, 폭발시켜 반경 1.5m 영역의 굳은 땅을 풀어 주는 방식이다. 폭기식은 뿌리가 절단되지 않고 휴대용도 있어 블루베리 과원에 적용하면 좋을 것 같은데 아직 널리 쓰이고 있지 않다.

## 봄 밭은 함부로 밟지 않는다

예부터 농촌에서는 봄이 되면 밭에 들어가는 것을 말렸다. 봄 밭은 함부로 밟으면 안 된다고 하면서 밭에 들어가는 아이들을 혼내기도 했다. 겨우내 얼었다 녹았다를 반복하면서 단단해진 밭이 풀어졌는데 그것을 밟으면 다시 단단해지기 때문이다. 부드러워진 봄 밭을 아끼는 농민들의 마음이 고스란히 느껴진다. 1년생 초본 작물과는 달리 영년생 과수는 한 번 심으면 밭을 경운할 기회가 없다. 계속 이어지는 답압으로 토양이 굳고 단단해지기 쉽다. 그러나 블루베리는 천근성으로 뿌리가 지표 가까이 얕게 분포하고 관목성으로 나무가 작기 때문에 뿌리가 그루 주변에 좁게 분포한다. 여기에다 이랑을 만들어 재식하기 때문에 답압에 의한 토양 물리성 악화는 크게 신경 쓰지 않는 편이다. 무엇보다도 겨울에 얼었던 표토는 이듬해 해동되는 과정에서 흐트러지기 때문에 자연스럽게 통기성이 확보된다. 부드러운 이랑에 비해 자주 밟게 되는 고랑은 단단해질 수 있는데, 다른 과수에 비하면 무거운 차량이나 운반기들이 들어가지도 않고 작업기간이 짧기 때문에 심한 답압은 피할 수 있다. 그렇다고 하더라도 가급적 토양이 단단해지지 않도록 신경을 써야 한다. 특히 봄에는 블루베리 밭에 자주 들어가지 않는 것이 좋겠다.

## 블루베리, 초생재배가 답이다

과수원의 지표관리는 청경법과 초생법으로 나뉜다. 과수원 땅 표면의 풀을 제거하여 맨땅으로 관리하는 것을 청경법이라 하고, 풀을 키워 풀밭으로 관리하는 것을 초생법이라고 한다. 두 가지 방법 모두 일장일단이 있다. 청경법은 과수와 잡초의 양수분 경쟁이 없고, 해충이나 병원 미생물의 서식처가 없으며 이른 봄 지온 상승이 빠르다는 이점이 있다. 반면 토양과 양분 유실이 심하고 한여름엔 지온이 크게 오른다는 단점이 있다. 초생법은 토양과 양분의 유실이 적고, 토양에 유기물을 공급해 주며, 천적과 같은 유익곤충의 서식처를 제공해 주고, 고온기에 지온 상승을 억제해 준다는 이점이 있다. 반면 과수와 양수분 경쟁을 하게 되고 해충이나 병원균의 서식처를 제공하고 이른 봄 지온의 상승을 억제하는 단점이 있다.

블루베리는 초생재배가 유리하다는 농가의 입장은 다음과 같다. 초생재배의 단점 가운데 양수분의 경합이 있다고 하는데, 블루베리는 척박한 토양에서 잘 자라고, 양분요구도가 크지 않다는 점을 주목해야 한다. 수분의 경우도 서로 경쟁도 하지만 때로는 토양수분 보유력이 커지는 점도 있다. 특히 겨울철에는 과원 표면이 고사한 풀(검불)로 덮여 있어 겨울 가뭄의 피해를 막을 수도 있다. 해충의 피해도 있지만 천적과 같은 익충도 있고 조류의 먹이를 제공하여 조류 피해를 줄일 수도 있다. 따라서 블루베리 식재 후 1~2년 정도만 집중적으로 관리해 주고, 이후 초생재배를 하는 것이 편하고 3회 정도의 예초로 토양관리를 해 줄 수 있기 때문에 훨씬 더 편하게 농사를 지을 수 있다.

▌초생재배 예초 전, 예초 후

## 2. 방화곤충은 결실관리의 주인공이다

방화곤충은 꽃을 방문하는 곤충을 말하며, 그 중 수분 매개에 가장 큰 역할을 하는 곤충은 벌이다. 벌도 여러 종류가 있는데 꿀벌, 호박벌 그리고 뒤영벌이 중요하다. 벌들의 활동은 종류별로 기온, 강우, 바람, 농약 살포 여부 등에 영향을 받는다. 그리고 벌은 여러 품종을 함께 심어 놓으면 특정 품종을 선호하는 경향이 있다. 품종별로 꿀의 농도에 차이가 있어 벌들의 방화 횟수가 다르고 수정률도 차이가 생긴다. 기온이 12.8℃ 이하가 되면 활동이 억제되며, 바람이 불고 비가 잦아도 활동에 제한을 받는다. 저온기 시설재배에서는 벌 투입이 필수적인데, 꿀벌보다는 뒤영벌을 사용하는 것이 좋다. 뒤영벌은 덩치가 크고 몸에 털이 많아 화분이 잘 부착되고 무엇보다 저온이나 흐린 날, 좁은 공간에서도 활동력이 좋고 꿀이 없는 꽃에서도 수정 효과가 커 시설재배용 화분매개곤충으로 많이 이용되고 있다. 시판되는 뒤영벌 1통에 들어 있는 벌이 100마리 정도이고, 이 중에서 일하는 뒤영벌은 25마리 정도이다. 그렇지만 활동성이 뛰어나 블루베리 하우스 시설에는 200평당 2통이면 충분하다. 꿀벌의 경우는 하우스 시설에서는 200평당 1통을 권장하고 있다. 노지재배에서도

**그림 4-10** 노지 꿀벌과 시설 내 뒤영벌

노지재배에서는 꿀벌을 이용하고, 시설재배에서는 저온, 밀폐공간에서도 활동성이 큰 뒤영벌을 많이 이용한다. 뒤영벌은 주로 서양뒤영벌로 전에는 해외에서 수입했는데 요즘은 국내에서도 사육하여 판매하고 있다.

꿀벌 방사를 하면 좋은데 300평 기준으로 1통(약 18,000마리)이면 된다. 노지에서는 주변 2km 이내에 경쟁 밀원이 있는지 확인해야 하며, 주변에 벌이 더 좋아하는 자연상태의 꽃들이 있으면 블루베리 수분이 지장을 받는다는 점도 유의해야 한다. 우리나라에서 아까시나무와 민들레꽃 등이 블루베리와 비슷한 시기에 개화하는데, 꿀벌은 블루베리보다 민들레를 더 선호하기 때문에 신경을 써야 한다.

## 블루베리 꿀 강도 어리호박벌

블루베리의 주된 방화곤충은 꿀벌, 호박벌, 뒤영벌이다. 이들은 꽃의 밑바닥에 있는 꿀샘에 접근하기 위해 머리를 꽃통 안으로 밀어넣는다. 체구가 아담한 꿀벌은 쉽게 머리를 박고 꿀을 채취한다. 덩치가 큰 호박벌과 뒤영벌도 머리를 살짝 집어넣고 꽃가루를 채취한다. 이 과정에서 자연스럽게 수분이 이루어진다. 그런데 어리호박벌(carpenter bee, 목수벌)이라는 다소 엉뚱한 방화곤충이 있다. 호박벌(bumble bee)과 이름도 생김새도 비슷하지만 종이 전혀 다른 벌이다. 호박벌은 꽁무니에 노란 털이 있고, 뒤영벌은 가슴과 배마디 끝에 노란 털이 있는데, 어리호박벌은 가슴에만 노란 털이 있어 구분된다. 어리호박벌은 특수한 턱을 이용하여 목재에 구멍을 파는 습성이 있는데, 블루베리꽃을 방문하면 습성상 화통 옆구리를 파서 꿀을 딴다. 정상적인 문으로 들어가지 않고 옆구리에 구멍을 뚫고 들어가 몸에 꽃가루를 전혀 묻히지 않고 꿀을 딴다. 수분에 전혀 도움이 되지 않고 남의 집을 부수고 들어가니 꿀 강도라는 표현이 더 어울릴 듯하다. 이렇게 꽃마다 옆구리에 세로로 길쭉한 구멍을 내 놓으면 꿀벌들도 누군가 파놓은 옆구리 구멍으로 주둥이를 넣어 쉽게 꿀을 따기도 한다. 이럴 경우 꽃가루를 건드리지 않기 때문에 수분이 안 되면 어쩌나 하는 걱정이 생긴다. 그러나 염려하지 않아도 된다. 화통 옆구리 상처 구멍이 있어도 많은 벌이 습관적으로 화통 안으로 머리를 들이밀어 꿀을 채취한다. 미국 로드아

일랜드의 한 시험장에서 조사한 바에 따르면 개화한 꽃의 40%가량이 어리호박벌에 의해 상처를 입는데, 정상적인 꽃과 비교할 때 착과, 과중, 품질 등에서 전혀 차이가 없었다.

꿀벌(위 왼쪽), 호박벌(위 가운데) 그리고 서양뒤영벌(위 오른쪽)은 화통에 머리를 들이밀어 꿀과 꽃가루를 채취한다. 이 과정에서 수분이 이루어진다. 반면에 어리호박벌(아래 왼쪽)은 화통의 옆구리를 파고 꿀을 강도질하고 침투 흔적(아래 가운데)을 남긴다. 그러자 꿀벌이 옆구리 문에 주둥이(혀)를 집어넣고 꿀을 빨고 있다(아래 오른쪽). 그렇지만 대부분의 다른 벌들은 습관적으로 정문을 이용하니까 수분에 큰 문제는 없다.

\* 사진 출처 : 아래 왼쪽 신문수(충주 발화블루베리), 아래 오른쪽 윤덕구(춘천 북한강블루베리)

## 매뉴얼대로 해도 잘 안 되는 농사

농촌진흥청(2010a)에서 블루베리 재배 매뉴얼을 발간하였다. 매뉴얼이란 누구라도 그대로 따라하면 된다는 뜻이 함유된 농사 지침서이다. 매뉴얼대로 하면 같은 맛이 나오는가. 같은 재료로 레시피에 따라 조리했지만 맛이 다르다. 어제의 맛이 오늘은 다르고, 저 집의 맛이 이 집에서 다르다. 농사에서는 더하다. 올해는 작년만 못하고, 저 집은 없어서 못 팔았는데 우리 집은 못 팔아서 난리이다. 매뉴얼대로 재배한다고 동일한 결실을 거둘 수 없다. 농사에는 관여하는 변수가 너무 많기 때문이다. 농사를 예측하는 일은 기상청에서 하는 일기예보보다 더 어렵다. 농사는 날씨 변수 외에 다양한 환경적, 생물적 요소가 관여하기 때문이다. 재배 매뉴얼이 의미가 없다는 것은 아니다. 매뉴얼을 참고하되 자신의 여건을 감안하여 적용해야 한다. 지역의 기후, 토질 등을 충분히 고려하여 자신만의 농법을 만들어 가야 한다. 조선 세종 때 정초가 펴낸 실용 농서인 『농사직설』의 서문에 보면 '풍토가 다르면 농사법도 달라야 한다'라고 하였다. 오래전부터 지역별 농사법이 같을 수 없다는 것을 간파하고 있었다. 지역별로 기후와 토질이 다르기 때문이다. 한 지역 내에서, 심지어는 같은 밭에서도 위치별로 기후와 토양 환경이 다르다. 그래서 매뉴얼은 따르되 자신의 밭에 맞는 자신만의 매뉴얼을 만들어야 한다.

# 5장

# 전정, 가지치고 꽃눈 따 주기

'웬만한 가지는 버려라, 버릴수록 더 많이 얻는다'

전정은 해마다 반드시 해야 한다.

가지치기라고도 하는데 가지마다 이유를 달아

다듬고, 자르고, 솎고, 유인하고, 꽃눈을 따 주는 일이다.

한마디로 더 많이 얻기 위해 가지와 꽃눈을 버리는 기술이다.

멀리 내다보고 생각하며 계산하며 버리는 일이라

그렇게 쉽지만은 않다.

## 5.1. 전정은 왜 하며 어떤 효과가 있는가

전정의 목적과 효과는 다양하다. 수형 유지, 수세 조절, 투광성 향상, 병충해 방지, 작업성 향상, 상품과 증대, 경제수령 연장을 목적으로 가지치기를 해 준다. 뭐니 뭐니 해도 전정의 가장 큰 목적은 해마다 고품질의 과실을 많이 수확하는 것이다.

### 1. 고유의 수형을 유지한다

품종별 수형은 개장성과 직립성으로 구분한다. 이에 따라 개장성은 위로 뻗는 가지를, 직립성은 옆으로 지나치게 뻗어 나가는 가지를 잘라 주는 것이다. 품종별 고유의 수형을 유지해 주는 것이 나무의 균형 생장에 도움이 된다.

### 2. 나무의 세력을 조절한다

나무의 생장속도와 생장량을 조절해 주어야 한다. 특히 영양생장과 생식

**그림 5-1** 전정을 하지 않고 1년 동안 방치한 노스랜드 블루베리

수관 내부에 가지가 복잡하고 열매가 다닥다닥 맺혀 있다. 이렇게 되면 햇빛도 안 들고 바람도 잘 통하지 않고 해충도 많이 모여든다. 맺힌 열매도 작고 볼품이 없으며 나무도 빨리 늙는다.

생장을 조절해 주어 가지마다 적당한 위치에 적정량의 과실을 맺도록 해 준다. 늙은 가지는 활력이 떨어지기 때문에 젊은 가지로 갱신해 주는 것이 좋다.

## 3. 햇볕을 잘 받게 해 준다

잎과 과실은 햇볕을 골고루 잘 받아야 한다. 복잡한 가지를 솎아내면 햇볕이 수관 내부와 북쪽에 있는 가지까지 들어갈 수 있다. 이렇게 해 주면 광합성이 증가하여 과실비대와 착색이 촉진되고 과실의 품질이 좋아진다.

## 4. 병충해를 방지할 수 있다

전정을 해 주면 수관의 내부가 비게 되고 가지 사이에 공간이 많이 생겨 바람이 잘 통하면서 병원균과 해충의 서식을 막아 준다. 또한 가지치기를 하면서 병든 가지나 해충의 피해를 입은 가지는 잘라내 병충해를 줄일 수 있다.

## 5. 작업을 편하게 할 수 있다

블루베리는 관목성으로 키가 작아 작업이 상대적으로 편하다. 그렇지만 전정을 하지 않고 방임하면 키가 생각보다 커지고, 가지들이 서로 얽혀 복잡해지면 나무관리가 어려워진다. 무엇보다 수확이 어렵고 불편해질 수 있다.

## 6. 상품과를 많이 수확한다

무조건 많이 수확하는 것보다는 크고 맛있는 고품질 과실을 수확해야 한다. 그래서 열매가지를 솎거나 잘라 주고, 꽃눈을 따 주어 가지당 꽃눈 수를 조절한다. 적절한 전정으로 시장에 내다팔 수 있는 상품과 비율을 높인다.

## 7. 나무의 경제 수령을 늘려 준다

블루베리의 경제적인 수령(나이)은 30년에서 50년으로 보고 있으며, 실제로는 70년 이상 수확하는 나무도 있다. 이것은 전정으로 나무의 세력과 결실량을 조절해 주면 그만큼 수확이 가능한 나이를 연장할 수 있다는 것이다.

### 가지치기는 버리는 기술이다

나무는 자라면서 가지가 점점 무성해진다. 해마다 새 가지가 늘어나 그대로 놔두면 수관이 복잡해지고 열매만 잔뜩 맺힌다. 그러다 감당할 수 없으면 가지가 말라죽기도 하고, 열매는 익기도 전에 떨어지기도 한다. 스스로 생존을 위해 적응해 가는 모습이다. 숲속 나무들이야 적응해 살아가겠지만 과수에서는 의미가 없다. 적절한 가지치기가 필요하다. 가지치기는 불필요한 가지를 쳐내 버리는 것이다. 나이에 맞게 감당할 수 있는 가지만 남기고 나머지는 과감하게 버려야 한다. 그런데 버리는 것이 결코 쉽지가 않다. 초보 농부들이 가지치기할 때 흔하게 겪는 일이다. 이 가지는 버려야 하는데 쉽게 자르지를 못한다. 내 것이 아니라고 생각하고 마구 잘라 봐라 해도 머뭇거린다. 버릴수록 더 많이 얻을 수 있다고 해도 못 버린다. 첫 가위질이 어색하기도 하겠지만 그보다는 그냥 가지가 아까워서이다. 인생이란 나무도 가지치기가 필요하다. 나이 들수록 삶의 잔가지가 많이 생긴다. 나이에 맞게 사업도, 일도, 친구도 적당히 버려야 하는데 못 버린다. 버리면 더 멋진 삶을 누릴 수 있다고 해도 흉내만 낼 뿐이지 제대로 버리는 사람 보기 힘들다. 버리는 것에 익숙하지 않은 탓도 있지만 그보다는 집착 때문이다. 오죽했으면 버림의 경제학을 들고 나오고 집착은 병이라고까지 했을까. 나무의 가지치기는 가지를 버리고, 인생의 가지치기는 집착을 버리는 것이다. 나무가 됐든 인생이 됐든 가지치기는 한 마디로 말해 버리는 기술이다.

## 5.2. 전정의 여러 가지

전정은 시기에 따라 겨울전정과 여름전정으로, 가지를 치는 방법에 따라 자름전정과 솎음전정, 전정의 강약에 따라 강전정과 약전정으로 구분한다. 그러니까 계절별로 나무의 세력을 봐 가면서 불량한 가지를 잘라내거나 솎아내는 일이 바로 전정이다.

## 1. 전정은 겨울에 주로 하지만 여름에도 한다

### 1) 겨울전정은 주 전정으로 반드시 해야 한다

겨울 휴면기에 하는 전정으로 낙엽 후부터 월동 후 수액이 이동하기 전까지 하는 전정이다. 이 시기에 전정을 하면 절단면의 상처 치유가 늦어지는 단점이 있으나 나무의 생장에 영향을 적게 주고 비교적 한가한 농한기에 가지를 잘 관찰하면서 작업을 할 수 있다는 장점이 있다. 보통 11월부터 시작하여 3월 초순까지 가능한데 어린 나무의 경우는 한겨울 엄동이 지난 다음에 하는 것이 안전하다. 우리나라의 경우 가장 좋은 겨울전정 시기는 2월이며 늦어도 3월 초순까지는 마치도록 한다.

### 2) 여름전정은 보조 전정으로 안 하는 농가도 많다

여름전정은 겨울전정의 보완적인 목적으로 실시한다. 생육 중에 수시로 할 수 있는데 겨울전정보다 나무의 생장에 영향을 많이 주기 때문에 가급적이면 약하게 해 주는 것이 좋다. 블루베리는 수확 후에도 계속해서 왕성하게 생장한다는 점을 염두에 두어야 한다. 전정의 기본원리는 수형을 다듬고, 속을 비우고, 가지를 솎아내고, 가지를 잘라내고, 가지를 기울여 주고 하는 것이지만, 특히 가지 끝순을 잘라 주는 적심과 흡지 관리가 큰 비중을 차지한다. 현실적으로 안 하는 농가도 많다.

**그림 5-2** 노스랜드의 겨울전정

주된 전정으로 2월이 적기이다. 늦어도 3월 초순까지는 마치는 것이 좋다.

**그림 5-3** 노스랜드의 여름전정

보조전정으로 주로 수확 후 실시한다. 가급적이면 약하게 해 주는 것이 좋다.

## 속을 비울 때에는 큰 것부터 버리자

개심사(開心寺)라는 사찰이 있다. 이때의 개심은 깨닫고 마음을 연다는 뜻일 것이다. 마음을 열고 탐욕을 끄집어 내 속을 비우면 더 잘 통하고, 더 잘 보이고, 더 잘살 수 있다는 의미를 담고 있다. 과수에서도 개심이라는 용어를 사용한다. 개심형 또는 개심자연형이라는 수형이 바로 그것이다. 블루베리 전정은 개심, 즉 오프닝(opening)으로 시작한다. 수관을 열고 내부의 복잡한 가지를 솎아내어 속을 비우면 나무가 더 잘 보이고, 바람과 햇빛이 더 잘 통하고, 더 잘자랄 수 있다. 개심하여 속을 비울 때는 아까워하지 말고, 미련 두지 말고 큰 것부터 들어내야 한다. 복잡한 서재를 비우려면 안 보는 책 한두 권 버릴 것이 아니라 책장을 몇 개 통째로 버려야 한다. 꽉 찬 옷장 비울 때도 마찬가지이다. 작은 속옷 몇 개 버려 봤자 티가 나지 않는다. 두툼한 외투나 점퍼 몇 벌 빼내야 비운 것 같다. 나무의 속을 비울 때도 먼저 큰 것부터 솎아내야 한다. 가장 굵고 늙은 주축지를 몇 개 들어내야 속이 훤해진다. 잔가지 몇 개 쳐 낸다고 쉽게 속이 비워지지 않는다. 사람이나 나무나 속을 비울 때는 큰 것부터 먼저 들어내야 한다.

## 2. 가지는 자르거나 솎아서 제거한다

### 1) 자름전정은 가지의 중간을 자른다

자름전정(절단전정, heading cut)은 가지의 중간을 잘라 길이를 줄여 주는 것을 말한다. 자름전정은 주로 신초 발생을 촉진하고 꽃눈을 조절하기 위해 실시한다. 먼저 가지를 자르면 절단면 바로 아래 부위에 있는 영양눈 또는 숨은눈에서 새 가지가 자라나온다. 그러므로 가지를 자를 때는 눈의 방향을 고려해야 하며, 지나치게 눈 가까이 자르면 절단면이 건조해지면서 눈이 말라죽을 수 있기 때문에 다소 거리를 두고 자른다. 자르는 길이는 가지의 세력과 새 가지가 발생했을 때의 수형구성 등을 고려하여 결정한다. 굵은 가지를 자를 때는 양손가위나 톱을 이용하고, 절단면에 락발삼, 톱신페스트와 같은 수목 상처 치료 도포제를 발라 주는 것이 좋다.

### 2) 솎음전정은 가지의 밑동을 자른다

솎음전정(간벌전정, thinning cut)은 불필요하다고 판단되는 가지를 그 가지의 발생 기부에서, 즉 밑동부터 완전하게 잘라내 버리는 것이다. 솎아 줄 때

그림 5-4 **자름전정과 솎음전정(위), 단축전정과 갱신전정(아래)**

자름전정과 솎음전정은 생장 중인 신초나 1년생 가지를 대상으로 하고, 2년 이상 묵은 가지를 대상으로 하는 자름전정은 단축전정(shortening cut), 솎음전정은 갱신전정(renewal cut)이라고 구분하여 부르기도 한다. 특히 단축전정은 묵은 가지를 자기보다 1년 이상 젊은 가지와 만나는 자리에서 젊은 가지를 남기고 늙은 가지를 잘라내어 늙은 가지의 길이를 줄이고 자라는 방향을 조절해 준다(김용구, 2004; Barritt, 1992).

는 가지의 토막이 남지 않도록 완전하게 잘라내 주는 것이 좋다. 지나치게 늙은 가지, 묵은 가지에서 나온 10cm 미만의 짧은 가지, 방향성이 좋지 않은 가지, 한쪽으로 치우쳐 다닥다닥 붙어 있는 가지 중 일부 가지, 병충해에 감염된 가지 등을 대상으로 솎음전정을 한다. 특히 5년 이상 된 늙은 주축지는 매년 1~2개씩 솎아 버리는 것이 좋다. 아울러 근관부에서 다수 발생하는 흡지 가운데 좋은 위치에서 장차 새로운 주축지로 키워 나갈 것들은 남기고 나머지는 과감하게 솎아내 버려야 한다.

## 3. 전정은 상황에 따라 강약을 조절한다

### 1) 강하게 전정하면 생장이 왕성해진다

강전정은 가지를 많이 자르고 많이 솎아내는 것을 말한다. 강전정을 하면 전체적으로 눈의 수가 줄어들어 새 가지의 발생과 꽃눈 수가 줄어든다. 그 대신에 발생하는 새 가지는 세력이 강해 영양생장이 왕성해진다. 예를 들어 가지를 강하게 잘라 남은 가지가 짧게 되면 2~3개의 강한 새 가지가 나오면서 꽃눈이 발생하지 않을 수 있다.

### 2) 약하게 전정하면 꽃눈 수가 많아진다

약전정은 가지를 조금 자르고 적게 솎아내는 것이다. 약전정으로 전정량이 적어지면 눈이 많이 남아 새 가지와 꽃눈 수가 많아진다. 새 가지가 많아지면 가지 자람이 약해지고 착과량이 늘어나 전반적으로 수세가 약해지기 쉽다. 예를 들어 가지를 약하게 잘라 남은 가지가 길면 자라나오는 새 가지가 약해지고 꽃눈이 부실해질 수 있다.

### 3) 나무의 상태를 봐 가며 강약을 조절한다

일반적으로 중간 정도의 전정으로 영양생장과 생식생장의 균형을 맞추어 주는 것이 좋다. 그러나 나무의 세력과 품종에 따라서는 의도적으로 강전정을 하거나 약전정을 해야 되는 경우도 있다. 수세가 약한 나무는 영양생장, 즉 새 가지 자람을 촉진시키기 위하여 강전정을 한다. 반대로 수세가 강한 나무는 약전정으로 생식생장을 촉진시켜 균형을 이루도록 한다.

### 나무도 청춘이 있다

젊은 사람을 일컬어 청년이라 하듯이 젊은 블루베리를 청목이라고 부른다. 청목은 인생의 청춘 같은 나무이다. 유목과 성목에 대비하여 젊은 나무라는 뜻이다. 블루베리는 2년생 묘목 기준으로 심은 지 3~4년생을 청목으로 볼 수 있다. 청년처럼 청목은 보기에도 좋고 활력과 에너지도 넘쳐난다. 청목을 보고 있노라면 농사가 잘 풀릴 것처럼 보인다. 청목에 맺히는 꽃눈은 크고 충실하다. 당연히 그로부터 생기는 과실도 크고 맛있다. 농부들은 개원 후 첫 수확하던 날을 잊지 못한다. 첫물 과실은 엄청 크고 맛있어 자부심에다 흐뭇함을 안고 내일을 꿈꿨을 것이다. 그런데 해가 거듭될수록 나무는 늙어 가고 과실은 알이 작아지고 맛은 전 같지 않다. 이것을 극복하기 위해 하는 작업이 바로 가지치기이다. 실제로 전체 가지의 30%, 많게는 50% 정도를 매년 자르고 솎아낸다. 늙은 주축지를 솎아내고 젊은 흡지로 대체하기도 한다. 묵은 가지에서도 오래되고 쇠약해진 상단부 가지는 생장과 결실이 불량해지므로 세력이 강한 신초 발생 부위를 기점으로 해서 그 위를 한꺼번에 제거해 준다. 전체적으로 세력이 약화된 나무는 통째로 주축지를 밑동 10cm 정도만 남기고 자르기도 한다. 그러면서 새 가지를 발생시켜 가지의 나이를 젊게 유지하겠다는 것이다. 이런 식의 가지치기를 회춘전정이라고 부르기도 한다. 가지치기를 할 때 '회춘'이라는 단어를 떠올리면 좋겠다. 인생의 회춘도 함께 생각해 보면서.

노화 성목의 주축지를 밑에서 10~20cm 정도
남기고 강전정하였다.

그 후 절단면 부근의 숨은 눈에서 새로운 가지가
발생하여 청춘을 되찾았다.

## 4. 불량 가지를 제거하는 것이 바로 전정이다

전정은 가지를 자르거나 솎아 주는 작업으로 버리는 대상이 되는 가지, 즉
자르고 솎아내는 가지는 불필요하고 불량한 가지들이다. 대상 가지를 열거해
보면 다음과 같다.

내향지 : 안으로 향해 내부를 복잡하게 만드는 가지

외향지 : 수관 밖으로 길게 뻗어나간 가지

하수지 : 밑으로 처진 가지

기형지 : 휘거나 모양이 이상한 가지

근접지 : 주가지에 또는 서로 가깝게 붙어 있는 가지

교차지 : 가지가 서로 교차하면서 붙어 있는 가지

이병지 : 병충해를 입은 가지

고사지 : 동해나 냉해 등으로 말라죽은 가지

도장지 : 웃자란 가지

잔가지 : 가늘고 짧은 가지(길이 10cm 이하, 지름 1mm 이하)

무엽지 : 잎눈은 없고 꽃눈만 있는 가지

흡  지 : 근관부에서 자라나오는 가지 중 홀로 떨어져 있거나 세력이 약한 가지

노화지 : 오래되어 늙고 활력이 떨어지는 가지(5년 이상 묵은 가지, 4cm 이상 굵은
가지)

## 5.3. 나무의 나이별로 전정 요령이 다르다

수령을 2년생 묘목의 재식 연도를 기준으로 심은 후 1~2년차를 유목, 3~4년
차를 청목, 5년차 이상을 성목으로 구분하였다. 유목은 모든 꽃눈을 제거하고
청목은 강전정으로 나무의 세력을 키우고 성목에서는 수형 유지와 늙은 가지
제거에 신경을 쓰도록 한다.

## 1. 유목의 전정은 영양생장에 초점을 맞춘다

유목은 2년생 묘목을 기준으로 심은 지 1~2년차 된 나무를 일컫는다. 유
목은 강전정을 하여 발생하는 꽃눈을 모두 제거하여 새 가지 생장을 촉진하는
것이 중요하다. 다시 말해 영양생장을 촉진시켜 수관을 조기에 확보하는 것을
주된 목표로 한다.

### 1) 1년차에는 강전정하고 모든 꽃눈을 제거한다

묘목심기(4장)에서 기술했던 것처럼 재식 1년차에는 지상 20cm 정도만 남
기고 강전정을 해 준다. 생식생장에 소요되는 양분과 에너지를 영양생장에 집
중시키는 것이다. 모든 꽃눈을 제거하고 새 가지의 왕성한 생장을 도모하여

조기에 균형 잡힌 수형을 잡는 것이 중요하기 때문이다.

### 2) 2년차에는 가지를 다듬고 꽃눈을 대부분 제거한다

재식 후 2년차에도 생장을 촉진하고 수형 만들기가 계속해서 이어진다. 여러 가지 형태의 불량 가지는 제거하고 바르게 자리 잡은 건강한 가지만 주로 남긴다. 2년차에는 일부 세력이 강한 가지에는 꽃눈을 제한적으로 남겨 결실을 시킬 수 있지만, 가능하면 모두 제거해 주는 것이 좋다.

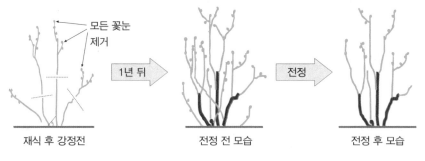

**그림 5-5** 유목의 전정

재식 직후에 강전정하여 모든 꽃눈을 제거한다. 그 후 1년 뒤(1년생, 2년차)에는 자리 잡은 가지만 남기고 꽃눈을 대부분 제거한다.

## 2. 청목의 전정은 수형을 잡는 데 초점을 맞춘다

청목은 2년생 묘목을 기준으로 심은 지 3~4년차 된 나무를 일컫는다. 청목은 꽃눈을 제한적으로 남겨 수확도 하지만 가능하면 결실을 제한하고 생장을 촉진시켜 수형을 잡아가는 것이 중요하다.

### 1) 3년차에는 꽃눈을 반쯤 남기며 수형을 다듬는다

재식 후 3년차가 되면 청목으로서 수형이 어느 정도 다듬어진다. 그리고 그대로 두면 꽃눈이 제법 많이 발생하여 상당량의 결실이 가능해진다. 3년차

전정은 주로 불량 가지를 제거하면서 수관의 내부를 비우고 수형을 유지하는 데 힘쓴다. 또한 꽃눈의 50% 정도를 제거하여 결실량을 조절해 준다. 새로 나오는 흡지 가운데 그루에서 멀리 벗어난 것들은 제거하고 중심부의 일부 흡지는 남겨서 주축지로 키워 나간다.

### 2) 4년차에는 결실시켜 수확하면서 수형을 완성한다

재식 후 4년차가 되면 수형이 거의 완성된다고 볼 수 있다. 꽃눈은 더욱 많아지고 결실량이 작년보다 훨씬 늘어난다. 불량 가지 제거와 수관 내부를 비우는 것은 물론이고 여전히 상당량의 꽃눈을 제거하여 충실한 생장을 도모하면서 수형의 완성을 꾀한다. 필요한 경우에는 가지를 유인하여 가지의 공간 배치를 조정해 준다. 흡지는 적당한 위치에서 잘라 주어 역시 수형을 잡아가고 유지하는 데 힘쓰도록 한다.

## 3. 성목의 전정은 결실과 수세 유지에 초점을 맞춘다

성목은 묘목을 심은 지 5년차 이상 되는 나무를 말한다. 성목이 되면 솎아내고 잘라내야 할 묵은 가지가 훨씬 많아진다. 이 나이가 되면 지령(가지 나이) 갱신과 수세 유지가 더욱 중요해진다. 단축전정으로 3년 이상 결실한 묵은 가지의 선단부는 모두 제거해 준다. 겨울전정뿐만 아니라 여름에도 전정하여 결과지를 확보하도록 한다.

### 1) 묵은 가지를 제거한다

성목이 되면 키가 크고 수관이 매우 복잡해진다. 그리고 묵은 가지들은 노화되기 시작한다. 성목도 마찬가지로 불량 가지를 제거하고 수관 내부를 비우면서 수형을 계속 유지해 간다. 그러면서 묵은 가지를 다듬고 솎아내는 작업이 이루어져야 한다.

하이부시블루베리의 가지는 5년 이상 되면 생산성이 떨어지는 경향이 있다. 주축지에 형성되는 2년생 가지에서 나오는 15~25cm 정도의 새 가지에서 충실한 꽃눈이 맺히고 좋은 품질의 과실이 생산된다. 그러나 주축지는 해마다 굵어지고 노화되어 가늘고 짧은 열매가지가 발생하고 이런 가지에 열린 과실은 크기가 작고 불균일하고 쉽게 물러져 품질이 크게 떨어진다. 따라서 묵은 가지를 갱신해 주는 데 신경을 써야 한다. 오래 묵은 가지들은 생산력이 떨어지는데 육안으로도 쉽게 관찰이 되므로 겨울전정 시에 제거해 주도록 한다.

### 2) 늙은 주축지를 솎아낸다

묵은 가지는 해가 거듭될수록 지름이 굵어지고 수피는 거칠어지면서 점차 노화되어 간다. 주축지의 경우 5년 이상 되면 점차 물관부의 기능이 떨어지면서 전체적으로 생산성이 떨어진다. 그래서 흡지나 발육지를 이용하여 주축지를 갱신해 주는 것이 좋으며, 이러한 주축지는 품종에 따라 5개에서 10개 이내로 유지해 주는 것이 좋다. 주축지의 나이별, 크기별 구성비를 보면 어린 주축지(1~2년생, 굵기 2.5cm 이하) 20%, 젊은 주축지(3~6년생, 굵기 2.5~3.5cm) 60%, 늙은 주축지(7~8년생, 굵기 3.5cm 이상) 20%의 비율로 구성하는 것이 생산성이 가장 좋다(그림 5-6 참조). 이런 구성비를 유지하려면 매년 2개 정도의 주축지를 새로 확보하고, 그 수만큼 늙은 주축지를 제거하여 앞서의 적정한 주축지 구성비(2 : 6 : 2)를 유지해 준다.

### 3) 전체 주축지를 갱신한다

묵은 주축지 일부를 솎아내는 것이 일반적이지만, 외국의 경우 그루의 모든 주축지를 기계로 싹뚝 잘라내는 강전정을 하기도 한다. 이렇게 되면 그해 그 밭의 수확은 포기해야 한다. 로우부시블루베리나 노동력 부족으로 전통적인 전정이 어려운 경우에 실시한다. 국내 일부 농가에서는 늙은 나무의 수

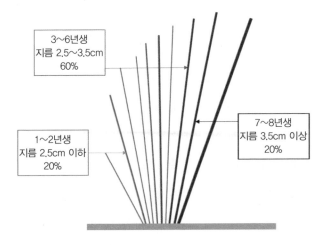

3~6년생
지름 2.5~3.5cm
60%

7~8년생
지름 3.5cm 이상
20%

1~2년생
지름 2.5cm 이하
20%

**그림 5-6** 주축지의 나이별, 굵기별 구성 비율

적당한 구성비율은 어린 주축지(20%) : 젊은 주축지(60%) : 늙은 주축지(20%)이다. 매년 새로운 흡지를 남기고 늙은 가지를 솎아내 적정한 구성비율을 유지한다.

세 회복 수단으로 주축지 갱신을 하기도 한다. 실제 방법은 모든 주축지를 그루 밑동 10~20cm만 남기고 잘라 준다. 이렇게 강전정하면 주축지당 3~4개의 신초가 자라나오고 자라는 속도를 봐 가면서 20cm 이상 되면 적심(순 지르기)을 해서 가지의 분지를 유도하면 열매가지를 꽤 많이 확보할 수 있어 이듬해 바로 수확이 가능하다. 강전정할 때 젊은 주축지가 있으면 1~2개 남기는 것도 좋다. 이러한 주축지 갱신은 과원마다 스트레스 정도, 노화 정도에 따라 3~6년에 한 번씩 주기적으로 해 준다. 소규모 농가에서 현실적으로 한 해 농사를 포기한다는 것이 쉽지 않아 일부분씩 단계적으로 갱신하고 있다. 한 가지 고려할 점은 토양환경이 불량해서 나타난 노화주는 반드시 토양환경 개선을 병행해야 주축지 갱신 효과를 볼 수 있다.

### 4) 꽃눈 수를 조절해 준다

성목전정에서 또 한 가지 중요한 것은 결실량, 즉 꽃눈 수의 조절이다. 겨울전정에서 꽃눈의 수를 조절하기 위해 열매가지를 솎아내면서 열매가지의 선단 부위를 잘라 준다. 한 실험 결과에 따르면 잎눈/꽃눈의 비율이 높을수록 과실 무게와 당도가 증가하는 것으로 나타났다. 특히 꽃눈이 많이 맺힌 가지의 경우에는 꽃눈이 붙은 가지를 일부 잘라 주면 열매가 균일하게 커진다. 열매가지당 평균 1~4개의 꽃눈을 남기는데, 가지당 맺히는 꽃눈 수는 품종과 가지에 따라 다르고, 나중에 적화와 적과를 하면서 다시 꽃눈 수를 조절할 수 있기 때문에 여유 있게 남겨둔다. 즉, 목표로 하는 꽃눈 수보다 다소 많이 남겨두도록 한다. 한편으로 잎이 없는 열매가지(무엽결과지), 10cm 미만의 가늘고 짧은 열매가지(단과지)는 원칙적으로 제거하는 것이 좋다. 다만 가지의 위치에 따라서는 무엽지나 단과지에서도 충실한 열매가 맺히니까 적절한 빈도로 남겨둔다.

용기에 심은 블루크롭에서 조사해 본 결과에 따르면 잎눈/꽃눈 비율을 1, 2, 5로 조절한 결과 수확 시 잎/과실(소과)의 비율(엽과비)이 각각 0.7~1.3, 1.5~2.0, 3.9~5.5로 나타났고, 엽과비가 높을수록 과실 무게와 당도가 증가하였다. 이러한 관찰 결과를 바탕으로 블루베리의 적정 엽과비는 3 이상, 즉 꽃눈 하나에 잎눈이 3개 이상 되어야 하는 것으로 보고 있다.

그림 5-7 열매가지의 수와 열매가지당 꽃눈의 수 조절
가지의 세력을 봐 가면서 열매가지 수를 조절하고, 열매가지 하나에는 3개의 꽃눈을 목표로 조절한다.

## 5) 여름에는 주로 적심과 흡지 관리를 한다

생장속도가 빠른 신초를 중심으로 가지 끝을 잘라 준다. 가지 자람을 억제하고 다수의 충실한 열매가지를 확보할 수 있다. 기부에서 약 30cm 남기고 적과가위나 손으로 가볍게 잘라 준다. 길이는 나무의 공간배치 등을 고려하여 조정하고, 적심(순 지르기, 순짓기) 이후 나올 가지의 방향을 생각하여 적심 위치를 잡는다. 가지의 세력과 굵기에 따라 1/2 또는 2/3 정도 남기고 상단부를 절단하기도 하고, 가지에 따라서는 2차 생장마디 아래를 절단하여 그 하단에 꽃눈 형성을 유도해 주기도 한다. 5월부터 생육 중에 수시로 할 수 있지만 8월 이후는 피해야 한다. 늦게 나온 새 가지는 꽃눈 분화도 부실하고 월동 중 쉽게 동해를 입기 때문이다.

그림 5-8 | 적심 후, 새 가지 발생

적절한 시기에 적당한 길이로 적심하면 남은 가지의 상단부 엽액에서 신초가 발생하여 많은 열매가지를 확보할 수 있다. 품종, 재배방식, 지역에 따른 적심시기의 판단이 중요하다.

그림 5-9  흡지 솎기와 흡지 자르기
불필요한 흡지는 솎아내 버리고 주축지로 키워 나갈 흡지는 적당한 길이에서 잘라 새 가지를 확보한다.

품종에 따라서는 흡지가 무성한 것들이 있다. 이런 경우는 수확 직후에 흡지를 관리해 준다. 먼저 그루 중심에서 멀리 떨어져 나오는 것들을 제거하는데 나중에 분주하여 번식에 이용할 것들은 남겨 둔다. 그리고 중심에 밀생한 흡지는 주축지로 키워 나갈 것들만 남기고 모두 제거한다. 남겨 둔 흡지 가운데 웃자라는 것들은 적당한 길이로 자름전정을 해 준다. 이렇게 가지를 잘라 주면 잎겨드랑에서 새 가지가 2~3개 정도 나오는데, 지나치게 늦은 시기에 자르면 새 가지가 나오지 않으며 자른 부위 아래에 꽃눈이 형성되기도 한다.

## 5.4. 가지를 유인하고 꽃과 열매를 솎아 준다

유인은 가지를 당기거나 벌려 기울기와 생장 방향을 바로잡아 주는 것이다. 적화는 꽃눈이나 꽃송이를 따 주고, 적과는 착과 이후에 열매송이를 따 주는 일이다. 유인을 해 주면 꽃눈 형성이 촉진되고, 적화와 적과를 해 주면 크고 충실한 열매를 수확할 수 있다.

## 1. 가지는 유인하여 기울기와 생장 방향을 잡아 준다

가지의 자세가 수직일수록 생육이 강해지면서 꽃눈 형성이 나빠진다. 반대로 수평에 가까울수록 생육이 약해지면서 꽃눈 형성이 좋아진다(리콤의 법칙). 블루베리 가지는 과실의 무게로 인해 가지가 적당한 기울기(45도 전후)로 기운다. 그리고 이런 기울기의 가지에서 꽃눈과 잎눈의 분화가 알맞게 일어난다. 경우에 따라 나무의 세력을 조절하기 위해서 가지를 유인하여 인위적으로 기울여 줘야 한다. 생장 방향과 공간 배치가 안 좋은 가지 가운데 건전하고 쓸만한 가지를 대상으로 위치를 바로잡아 주기 위해서도 유인을 해 준다. 유인 방법은 지지대를 세우고 끈으로 당겨 주기도 하고, 가지와 가지 사이에 버팀목을 끼워 넣어 방향을 잡아 주기도 한다. 특히 가지치기하고 버리는 가지를 적절한 크기로 잘라 가지 사이에 끼워넣어 가지의 방향과 자세를 바로 세우는 방법도 있다(그림 5-10 참조)

## 2. 꽃과 열매를 솎아 가지당 개수를 제한한다

적화는 꽃을, 적과는 열매를 따 주는 작업이다. 적화는 꽃을 대상으로 하지

**그림 5-10** 다양한 유인 수단
쉽게 구할 수 있는 도구를 이용하여 가지를 끌어 주거나 밀어 생장 방향, 공간 배치, 기울기를 잡아 준다.

만 꽃보다 꽃눈과 꽃망울(꽃봉오리)을 따 주는 경우가 더 많다. 꽃눈을 따 주는 작업을 적아, 꽃망울을 따 주는 것을 적뢰라고 별도로 구분하기도 한다. 적화와 적과를 해 주면 광합성 산물(동화양분)을 남은 과실에 집중시켜 크고 맛있는 과실을 생산할 수 있다. 아울러 결과지에서의 새 가지 발생과 잎의 생장을 촉진하여 과다 착과에 따른 수세 약화를 방지하고 수세(나무세력)를 안정화시키는 효과도 있다.

겨울에 전정할 때 결과지의 가지 끝부분의 꽃눈을 잘라 버린다. 이때 개화기 전후의 저온장해, 수정불량 등의 위험 부담이 있기 때문에 꽃눈 수를 좀 여유 있게 남겨 두는 것이 좋다. 즉, 겨울전정에서 꽃눈을 적당히 제거한 후 추가로 개화 전에 꽃눈 또는 꽃망울을 따 준다. 꽃을 따 주거나, 그 후 착과기에 열매를 솎아 주면서 가지당 결실량을 단계적으로 상태를 봐 가면서 조절해 준다.

개화기 전후에 실시하는 적화는 겨울전정 시 꽃눈 제거가 불충분한 가지를 대상으로 하게 된다. 결과지 1개에 꽃 3~4개를 남기는 것으로 하되, 개화하면 잎눈도 부풀기 시작하므로 잎의 수를 고려하여 가지당 남길 꽃수를 결정하는 것이 바람직하다. 즉, 잎의 수가 적으면 꽃의 수를 과감하게 줄이는 것이 좋지만, 해당 결과지의 잎 수만 볼 것이 아니라 주축지나 측지의 세력도 봐 가면서 결정한다.

적화는 꽃이 활짝 피고 난 후 꽃이 질 때까지 약 15~20일 동안 하게 된다. 적화 요령은 주로 손으로 따 주는데, 가지의 하단부에 맺힌 것은 먼저 따 주는 것이 좋다. 왜냐하면 상단부 꽃의 개화가 빨라 일찍 성숙하기 때문이다. 상단부 꽃을 제거하면 그만큼 수확이 늦어질 수 있다. 가지 상태를 봐서 하나 건너씩 교호로 따 주기도 하고, 겹꽃의 경우는 큰 꽃 곁에 붙어 있는 작은 꽃(곁꽃눈, 부아)을 반드시 제거해 주도록 한다.

적과도 일찍 실시하는 것이 남은 과실이나 나무의 생장에 유리하다. 그러나 5월 하순 이후 기후나 관리조건에 따라 어린 과실이 조기에 낙과하는 경우도 발생할 수 있으니까 순차적으로 기간을 조절하면서 해 준다. 과실을 솎을 때는 열매 하나하나를 따 주는 것은 과실에 상처를 주기 쉽고 노동력이 많이 소요되기 때문에 송이째 솎아 준다. 적화와 적과는 꽃송이(화방), 열매송이(과방)째 솎는다 하여 적방이라고도 한다.

과방 내에서 착과 수를 조절하는 경우도 있다. 과방당 착과 수를 줄이면 수확기가 빨라지고 수확기간이 짧아지는 경향이 있다. 그리고 과방별로 과실을 70% 정도 수확하면 나머지는 제거해 주는 것이 좋다. 이렇게 해 주면 남은 과실의 비대가 촉진되고, 수체의 착과 부담을 줄여 결과적으로 수체 생육에 좋은 영향을 준다. 그러나 현실적으로 과방 내 작은 과실 또는 남은 과실을 따 주는 것은 상업적 생산 농가에서는 거의 하지 않고 있다.

## 꽃눈 수, 가지당 3개만 남겨라

가지에 이어 꽃눈도 버려라. 가지당 3개만 남기고 다 버려라. 초보 농부들에겐 참으로 지키기 어려운 주문이다. 농사를 좀 지었다는 농부도 쉽게 실천하지 못한다. 꽃눈이 바로 과실이기 때문이다. 꽃눈 하나 버리면 열 개의 과실을 버리는 셈이다. 버리는 시늉만 하다가 긴 세월을 보낸 뒤에야 필요성을 절감하고 그 주문을 제대로 실천한다. 성공한 선배 농부는 말한다. 꽃눈을 무조건 가지당 3개만 남겨라. 아니면 최소한 그런 각오로 꽃눈 따기에 임해라. 귀담아 듣고 반드시 실천해야 할 말이다. 가지당 꽃눈 3개가 크고 맛있는 블루베리 생산의 비결이다. 꽃눈을 버리면 그 외에도 얻는 것이 많다. 과실에 집중되는 양분과 에너지가 나무의 세력 유지에 쓰이고, 결실 제한은 가지의 노화 방지에도 한몫을 한다. 무엇보다도 과실이 크면 수확과 그 후의 유통에 큰 보탬이 된다. 우선 하나하나 따는 수확 작업이 쉽다. 덩달아 수확 인부를 구하기도 쉬워진다. 수확한 과실을 용기에 담는 작업도 훨씬 간편하다. 작은 열매를 개수로 많이 따는 것보다 큰 열매로 적게 따는 것이 훨씬 유리하다. 블루베리는 무게와 부피 단위로 거래되기 때문이다. 한 번 더 강조한다. 가지치기는 버리는 기술이다. 가지도 버리고, 꽃눈도 버려라. 버리면 버릴수록 더 많이 얻을 수 있다.

열매가지의 꽃눈 5개를 가정했을 때, 상위 3개를 남기는 것이 가장 바람직하지만(위) 서로 밀접한 꽃눈은 교호로 남긴다(가운데). 그러나 꽃눈따기 작업이 어려운 대규모 농가는 겨울전정 시 가지 상단부를 자름전정하여 하위꽃눈을 남긴다(아래).

### 전정의 기본요령 정리(성목, 겨울전정)

기본적 순서

1. 먼저 늙은 주축지를 1~2개 솎아낸다(갱신전정).
2. 수세를 봐 가며 묵은 측지를 솎아낸다(갱신전정).

3. 잔가지가 많은 늙은 가지는 잘라 버린다(단축전정).

4. 불량 가지를 솎아내거나 잘라 버린다.

5. 결과지를 솎거나 절단하여 꽃눈 수를 조정한다.

6. 필요하면 가지를 일정 방향으로 유인해 준다.

**열매가지 조절**

1. 앞에서 소개한 불량 가지, 즉 불량한 열매가지를 솎아낸다.

2. 주축지 세력을 봐 가며 주축지당 열매가지 수를 조절한다.

3. 가늘고 짧고 잎눈 없는 열매가지는 우선하여 솎아낸다. 단, 주축지와 측지, 어미 열매가지의 세력, 공간적 위치 등을 고려하여 남겨도 된다. 이런 가지에도 충실한 열매가 열린다.

**무엽 돌발 열매가지**
묵은 가지 숨은 눈에서 나온 잎이 없는 가늘고 짧은 열매가지에도 열매가 맺힌다.

**꽃눈 수 조절**

냉해나 해충의 피해를 고려하여 일시에 하지 말고 1, 2, 3차로 구분하여 꽃눈이나 꽃, 열매를 따 준다. 1차는 겨울전정 시에 결과지 자름으로, 2차는 꽃눈이 부풀 무렵에 꽃눈 따 주기로, 3차는 착과 초기에 열매 따 주기로 열매가지당 또는 주축지당 결실량을 조절해 준다. 전체적 목표는 꽃눈의 40%를 제거하고 엽과비(잎/과실)가 3 이상, 꽃눈 하나에 잎눈 3개 이상 되도록 하는 것인데(농촌진흥청 권장), 현실적인 목표는 가지당 3개 남기고, 잎눈은 가능하면 많이 확보하는 것으로 하되, 다음을 고려하여 조정한다.

1. 열매가지가 10cm(반 뼘)면 1~2개의 꽃눈을 남긴다.

2. 열매가지가 20cm(한 뼘)면 2~3개의 꽃눈을 남긴다.

3. 열매가지가 30cm이면 3~4개의 꽃눈을 남긴다.

4. 열매가지의 길이와 굵기에 따라 꽃눈 수를 조절한다.

5. 긴 열매가지는 가지 끝을 잘라 꽃눈 수를 조절한다(열매가지가 처지면 수형이 망가진다).

6. 굵고 짧은 결과지는 가지 끝쪽의 꽃눈을 남긴다(조기 수확).

7. 나락다닥 가까이 붙은 꽃눈은 교호로 제거한다.

8. 겹꽃눈의 경우는 작은 꽃눈(덧눈, 부아)을 제거한다.

9. 꽃눈과 꽃눈 사이에 잎눈이 있으면 잎눈 근처의 꽃눈을 남긴다.

10. 2차 생장마디가 보이면 마디 위의 눈을 제거한다.

11. 가능하다면 상대적으로 작은 꽃눈을 제거한다.

12. 늦자란 가지에 형성된 미숙 꽃눈은 가능하면 제거한다.

13. 잎눈과 꽃눈 수의 비율을 고려하여 조정한다.

14. 열매가지의 잎눈에서 내년도 열매가지가 발생한다(물론 측지에서도 발생함).

15. 경우에 따라서는 꽃눈을 버리고 잎눈만 확보한다.


**일반 유의점**

1. 용도별 적합하고 편리한 전정가위를 준비한다.

   굵은 주축지, 열매가지, 순 지르기 등에 각각 적합한 가위를 사용한다.

2. 전정가위는 날카로워 절단면이 매끄러워야 한다.

   절단면 조직이 거칠면 상처 치유가 늦어지고 병원균이 침입하기 쉽다.

3. 전정가위는 사용하면서 수시로 소독해 준다.

   락스 50% 희석 용액 또는 에틸알코올 70%를 만들어 가윗날에 수시로 분무하여 사용한다.

4. 병든 가지는 병반에서 2~3cm 아래 부위를 자른다.

   가위는 소독하고, 가지는 소각하거나 밭에서 멀리 떨어진 곳에 버린다.

5. 전정가위에 손을 다치지 않도록 조심한다.

손으로 가지를 잡고 작업하다가 가위에 손을 베이는 일이 없도록 한다.

**여러 가지 전정 도구**
주축지나 굵은 가지를 절단하려면 양손 전정가위가 필요하다. 전정 톱을 추가로 준비하는 것도 좋다.
전정가위는 사용 중 수시로 소독한다.

## 겨울 가지치기는 선(禪) 수행이다

농촌에는 한때 농한기라는 말이 있었다. 주로 겨울철 농사일이 없는 계절을 일컫는 말이다. 농한기에는 할 일이 거의 없었다. 그렇지만 요즘은 농한기라는 말이 거의 사라지다시피 하였다. 재배방식이 다양하게 분화되고 시설농업이 발전하면서 그렇고, 무엇보다 농외소득을 위한 일거리들이 많아졌기 때문이다. 그렇다고 해도 블루베리 농가는 겨울이 한가하다. 수확철 빼고는 일이 있어도 가벼운 일거리이다. 한가한 겨울에는 블루베리 밭에 나가서 틈틈이 가지치기를 한다. 2월이 적기라지만 마음이 바쁜 사람들은 12월부터 시작한다. 매일 조금씩 하겠다는 것이다. 겨울에는 나무들이 옷을 벗고 속을 드러내 더 가깝게 다가갈 수 있다. 그래서 살가운 스킨십이 가능하고 잠자는 블루베리와 말 없는 대화를 나누기도 한다. 가지치기가 시작되면 곧 바로 세상 근심과 잡념이 다 사라진다. 가지치기에 몰두하다 보면 머리가 맑아지고, 두통도 사라지고 우울증도 없어진다. 그야말로 힐링, 치유센터가 따로 필요 없다. 바람이 불어도 좋고 눈이 내리면 더 좋다. 어찌 보면 겨울철 과원은 선 수행의 도장이라 할 수 있다. 겨울 가지치기는 무념무상의 수행이고 무심(無心)으로 도 닦는 일이다. 한 걸음이 수행이고 한 숨이 수행이고 한 가위질이 수행이다.

겨울 블루베리 밭에서 전정에 몰두하다.

# 6장

# 나무는 보살피며 지켜야 한다

'예방이 우선 그리고 두루 살피고 지키자'

주변 환경이 블루베리 나무에 늘 우호적인 것만은 아니다.
기후와 토양은 계속 변하면서 수시로 나무의 생육을 방해한다.
각종 병원미생물, 해충, 크고 작은 동물이
나무와 열매를 공격하고 가해한다.
보호 대책을 강구하고 꼼꼼히 살펴 피해를 차단하고 최소화해야 한다.

# 병충해 종류는 많지만 피해는 크지 않다

국내에서 발견된 병은 많지 않고 치명적인 병해는 없다. 해충의 종류가 많지만 유인 트랩, 포충등 등으로 포살하거나 밀도를 줄이면서 대부분 무농약재배를 하고 있다. 개별 병충해 사진은 농촌진흥청 국가농작물병충해관리시스템(인터넷 사이트)에서 볼 수 있다.

## 1. 아직 치명적인 병은 경험하지 못했다

식물의 병을 일으키는 미생물(병원균)은 진균(곰팡이), 세균, 바이러스 등이다. 가장 많은 것은 진균에 의한 병이고, 바이러스와 유사한 병원균으로 파이토플라스마도 있다. 우리나라 블루베리 과원에서는 아직까지 크게 피해를 주는 병해는 발견되지 않고 있다. 일단 나무를 건강하게 키우면 병해를 줄일 수 있으며, 어느 정도 피해를 입더라도 과실을 정상적으로 생산할 수 있다. 그러나 항상 관심을 가지고 관찰하고 발견되면 즉시 제거하여 주변으로 전염되는 것을 차단해야 한다. 병든 가지는 잘라서 태워 버리고, 심한 것은 포기 전체를 제거하고, 주변 토양을 소독해 준다. 곰팡이병은 대부분 습한 조건에서 많이 발생하기 때문에 전정, 관수, 수확 시에 이를 염두에 두어야 하며, 비가림 시설은 강우와 이슬내림을 차단할 수 있기 때문에 발병을 줄이는 데 도움이 된다. 수확 후 과원을 청결하게 관리하고, 겨울철 휴면기, 주로 2~3월 꽃눈이 부풀기 전에 예방을 위해 기계유 유제(살충)와 함께 석회유황합제(살충과 살균)와 같은 친환경 약제를 살포해 준다.

**블루베리의 주요 병(농촌진흥청, 국가농작물병해충관리시스템)**

1. 갈색반점병 2. 갈색무늬병 3. 반점낙엽병 4. 고약반점병 5. 가지마름병

6. 줄기썩음병(줄기마름병) 7. 잿빛곰팡이병 8. 흰가루병 9. 뿌리썩음병

10. 궤양병 11. 세균성 불마름병 12. 탄저병 13. 과실미이라병

14. 바이러스 15. 빗자루병(파이토플라스마)

**그림 6-1** 석회유황합제와 살포 모습

늦겨울이나 이른 봄, 꽃눈이 부풀기 전에 한 번 정도 살포해 준다. 기계유제 살포 시에는 마지막 유제 살포 후 20일 정도 지나 살포한다. 석회유황합체는 생석회(CaO)와 황(S) 그리고 보조제로 계면활성제(농업용 비누)를 첨가하여 만든다.

* 사진 출처 : 김창섭(봉화 달마블루베리농원)

**그림 6-2** 가지마름증

가지마름증은 블루베리 재배 중에 자주 접하는 증상 가운데 하나이다. 가지마름병이나 줄기썩음병, 아니면 천공성 해충 애벌레, 두더지, 굼벵이, 지렁이, 개미, 과습 등으로 뿌리나 줄기가 피해를 입어서 발생한다.

## 죽는 나무는 미련 없이 버린다

괴산 치재블루베리(대표 정숙현)는 정확히 재식 9년째 되는 농원이다. 그런데 개원 이래 농약을 한 번도 사용해 본 적이 없다. 그 동안 친환경 약제를 포함하여 그 어떤 약제도 써 보지 않았다. 블루베리 농사는 농약 안 치고도 가능하다더니 남의 얘기가 아니었다. 일단 400여 주 블루베리를 관리하면서 경험한 병은 한 건도 없었다. 해충으로는 노린재, 쐐기나방, 박쥐나방, 미국선녀벌레, 갈색날개매미충이 전부였다. 이런 해충들을 종종 만났지만 심각한 피해를 입은 경우는 없었다. 한두 그루에 피해를 주거나 피해 자체가 경미해서 특별히 대책을 강구하지 않았다. 다만 어느 해인가부터 돌발 해충 갈색날개매미충이 심하게 발생했다. 하지만 이 해충도 농약 안 치고 끈끈이 트랩을 이용하여 해결했다.

이런 가운데 심심찮게 나무들이 한그루, 한그루 말라죽어 나갔다. 먼저 주축지 하나가 마르기 시작하고, 그러다가 그루 전체가 말라죽는다. 밭 전체로 번져 나가지 않을까 걱정했는데, 이웃한 나무로 번져 나가는 경우는 없었다. 증세로 봐서는 가지마름증(그림 6-2 참조)과 같은 병을 의심할 수 있는데 현장에서는 쉽게 확인이 되지 않는다. 번지지 않는 것으로 봐서 병은 아닌 듯했다. 주로 뿌리가 수분을 흡수하지 못하거나, 흡수된 수분이 줄기로 이동하지 못해 발생하는 것으로 보였다. 나방의 애벌레가 줄기 밑동을 파고들어가서, 두더지가 뿌리를 파 헤쳐서, 굼벵이가 뿌리를 갉아 먹어서, 지렁이가 분변토를 배설하여 뿌리가 들떠서, 개미들이 분비하는 개미산이 가는 뿌리를 해쳐서 또는 과습에 의한 토양 산소 부족이 뿌리를 괴사시켜서 가지가 마르는 것으로 확인했거나 또는 추정되었다.

블루베리 농사를 지으면서 가지가 말라죽고 나아가 그루 전체가 말라죽는 것을 보면 안타깝기 그지없다. 이유도 잘 모르겠고, 앞서 이야기한 여러 가지 이유를 직접 확인해 보는 것도 쉽지가 않다. 설사 원인을 알아내도 결국은 해당 나무를 포기할 수밖에 없다. 다행히 농사 전체를 망칠 정도로 번지는 경우는 흔치 않다. 가능한 수단을 동원해 원인을 제거하는 일도 중요하지만, 죽어

가는 나무는 미련 없이 버리고, 내친 김에 더 좋은 품종, 더 젊은 나무를 다시 심는 것으로 스스로 위로를 받는 것이 좋다. 관심은 갖되 거기에 머물지 말아야 한다. 죽어 가는 나무를 보면 그냥 지켜보고, 적당한 때에 서둘러 캐 버리고 보식을 하면 된다. 블루베리 농사에서 결주 발생은 늘상 있는 일이고 보식은 농사의 일상이다. 그래서 보식용으로 예비 블루베리를 용기에 키우고 있다가 필요할 때마다 옮겨 심는다.

결주 보식과 보식용 예비 블루베리의 용기재배

## 2. 해충이 점차 늘어나는 추세이다

국내 블루베리 과원에서 발견되는 해충은 종류가 점차 늘어나고 있다. 해충별로 허용된 농약을 사용할 수 있지만 대부분 친환경 방제에 주력하고 있다. 친환경 약제로는 자담 오일, 님 오일, 제충국, 목초액, 난황유, 고삼 추출물, 피마자 추출물 등이 있으며, 이 약제들은 다양한 상표명으로 시판되고 있다. 그리고 과원의 해충 밀도를 줄이기 위해 방충망, 포충등, 유인 트랩(막걸리 트랩, 끈끈이 트랩)을 사용하여 유인 포살하기도 한다. 월동 중 휴면기에는 해충의 서식처가 되는 마른 나뭇가지나 지피식물을 깨끗하게 청소해 주고 눈에 띄는 해충알이나 고치(월동애벌레)를 제거하여 해충 밀도를 줄이는 노력을 한다. 이른 봄 눈이 싹트기 전에 기계유 유제나 석회유황합제를 살포해 준다. 기계유 유제는 하루이틀 건너 한 번씩 2~3회 살포하면 단단한 기름피막을 두껍게 형성하여 깍지벌레 등과 같은 해충을 질식시켜 죽일 수가 있다. 석회유황합제는 월동하는 해충의 살충과 병원균의 살균을 동시에 할 수 있는 약제이다. 해충과 병원균의 약제 접촉이 필수이기 때문에 기계유 유제를 살포한 경우는 20일 정도 지나 피막이 어느 정도 분해되었을 때 살포해야 한다. 석회유황합제는 한 번 정도 살포한다. 모든 약제는 전정 후에 살포하는 것이 좋다. 방제 대상 가지가 적어 시간과 경비를 절약할 수 있기 때문이다.

그림 6-3 기계유 유제와 월동 중인 뿔밀깍지벌레 성충

기계유 유제는 기계유에 계면활성제(농업용 비누)를 보조제로 첨가하여 만든다. 기계유 유제는 깍지벌레 같은 해충 방제에 사용하는 친환경 약제로 이른 봄 꽃눈이 부풀기 전에 이틀 건너 한 번씩 2~3회 살포해 준다.

그림 6-4 포충등과 끈끈이 트랩

곤충의 주광성(빛을 좋아하는 성질)을 이용하여 해충의 종류에 따라 불빛과 트랩의 색깔을 달리하여 사용한다. 예를 들면 갈색날개매미충은 노란색, 노린재는 갈색을 이용한다.

블루베리의 주요 해충(농촌진흥청, 국가농작물병해충관리시스템)

1. 응애류 2. 진딧물류 3. 노린재류 4. 딱정벌레류(굼벵이) 5. 총채벌레류

6. 블루베리혹파리 7. 나방류(심식나방, 쐐기나방, 미국흰불나방, 자나방, 순나방, 매미나방, 잎말이나방, 주머니나방) 8. 천공성 해충(알락하늘소, 박쥐나방, 굴벌레나방) 9. 갈색날개매미충 10. 미국선녀벌레 11. 깍지벌레류

그림 6-5 박쥐나방 피해 가지, 주축지 밑동에 생긴 천공

천공성 해충인 애벌레가 주축지 밑동을 파고들어가 구멍을 내 물오름이 차단되어 가지가 말라죽는다.

그림 6-6 쐐기나방 애벌레, 잎을 갉아 먹은 모습, 애벌레 월동 고치

애벌레는 잎을 갉아 먹어 피해를 입히는데 쏘이면 피부가 몹시 따갑고 아파 쐐기나방이라 부른다. 성숙하면 고치를 짓고 그 안에서 월동한다.

그림 6-7 **알락하늘소 성충, 애벌레 그리고 피해흔적**

성충은 어린가지를 식해하고, 애벌레는 주축지 목질부를 식해하며 굴을 파고 구멍을 내 톱밥 같은 쇄설물을 배출한다.

그림 6-8 **노린재가 흡즙하며 낸 구멍과 노린재 포획용 갈색 끈끈이 롤트랩**

구멍이 생기면 포장과정에서 과즙이 흘러나오고 과실이 찌그러진다. 트랩에는 페로몬 루어(유인제, 오른쪽 사진 O안)를 사용하는데, 설치한 끈끈이 롤에 세 종류의 노린재가 붙어 있다.

\* 사진 출처 : 왼쪽 이기상(한국생태도시연구소), 오른쪽 김관후(블루베리 마이스터)

**그림 6-9** 약충 4령과 성충 산란, 열매가지에 산란 후 밀납 피막, 가지 조직 속 산란

갈색날개매미충은 알에서 부화하여 약충(1~5령)으로 자라다 성충이 되면 연한 새 가지(열매가지)에 홈을 파 목부 조직에 가지런하게 산란하고 하얀 왁스 물질로 덮어 보호한다. 피해 가지는 말라 죽거나 쉽게 부러진다. 주로 열매가지에 피해를 입혀 수량을 감소시킨다.

\* 사진 출처 : 이기상(한국생태도시연구소)

---

## 갈색날개매미충 : 생태와 방제

이 해충은 알 → 약충(유충) → 성충의 생활사를 갖는다. 1년에 1회 발생하며 성충이 8월 중순부터 10월까지 연한 가지를 파서 그 안에 알을 낳고 하얀 밀랍(왁스)을 덮어 놓는다. 알은 월동 후 5월부터 부화하여 약충이 되고 1~5령을 거쳐 7월 중순에 성충이 된다. 성충은 1개월 정도 지나 산란을 개시한다. 약충과 성충이 연한 잎과 줄기를 흡즙하면서 배설물로 그을음을 유발한다. 무엇보다 1년생 열매가지 조직 속에 산란하여 조직이 손상되어 가는 가지는 쉽게 부러지거나 말라죽는다. 굵은 가지는 상대적으로 피해가 적고 정상적으로 열매를 맺기도 한다. 방제는 알 단계에서는 피해 가지를 제거해 주는 것이다. 주로 겨울에 전정할 때 제거하는데, 과원 주변 나무의 것도 같이 제거해 준다. 주로 열매가지를 제거해야 하기 때문에 심하면 수량 감소를 감수해야 한다. 약충 시기에는 화학적 방제를 하는데, 첫 부화 후 3~4주 기다려 알에서 다 나오면 약제를 살포한다. 1~3령까지는 개체가 작아 흡즙 피해가 거의 나타나지 않는다. 7월 중순경 첫 성충이 발견되면 역시 3~4주 정도 기다렸다가 약제를 살포한다. 우화한 성충은 한 달이 지나야 산란할 수 있기 때문이다. 이 기간에 포충등, 끈끈이 트랩 등을 이용하여 포살해 주기도 한다. 약제는 반드시 블루베리에 고시된 것으로 반드시 사용법을 지키고, 고압 분무기가 있다면 과원 주변에도 약제를 충분히 살포해야 한다.

## 노란색만 보면 달려드는 '갈색날개매미충'

중국에서 들어온 외래 돌발 해충 갈색날개매미충이 창궐하고 있다. 이 해충은 열매가지 속을 후벼 파서 알을 낳고 그 위에 하얀 왁스 물질을 덮어 놓는다. 알들을 보호하며 무사히 월동시키기 위해서이다. 피해를 입은 가지는 쉽게 눈에 띈다. 열매가지에만 알을 낳으니 보는 농부 마음은 안타깝기 그지없다. 그런데도 대부분 농약을 안 친다. 개원 이래 줄곧 지켜온 청정 무농약재배의 자부심, 그 동안 쌓아온 소비자 신뢰를 저버릴 수 없기 때문이다. 그렇다면 손으로 잡든지 포충등으로 유인하여 잡아야 하는데 효과가 별로 없다. 그래서 도입한 방법이 노란색 끈끈이 트랩이다. 이 해충은 노란색을 유난히 좋아한다. 노란색만 보면 달려든다. 그래서 해충을 노란색으로 유인한 후 꼼짝 못하게 달라붙도록 한 것이다. 시판 끈끈이 트랩은 노란색 종이나 플라스틱 병판에 끈끈이를 처리한 것이다. 취급이 불편하고 무엇보다 재활용이 안 돼 아쉽다. 그래서 한 농가에서는 페트병을 활용한 끈끈이 트랩을 고안했다. 먼저 재활용 분리수

거함에서 페트병을 수집한다. 주로 생수병을 이용하는데 상표와 뚜껑을 버리고 노란색 페인트를 칠한다. 노란색 페인팅을 하면 사용 후 페트병 처리가 어렵다고 판단하여 이왕이면 친환경적으로 한다고 페트병에 노란색 비닐 봉지를 씌우고 그 위에 끈끈이를 뿌리거나(스프레이형) 발라준다(액상형). 노란색 페인트와 끈끈이는 철물점, 농자재상 또는 인터넷으로 구입할 수 있다. 이렇게 만든 노란색 페트병 끈끈이 트랩을 한 그루에 하나씩 고추 지지대를 박은 후 병을 거꾸로 해서 꽂는다. 페트병을 활용한 노란색 끈끈이 트랩은 여러 가지 장점이 있다. 먼저 작업이 간편하고 비용이 거의 들지 않는다. 사용 후 페트병은 수거하여 재활용하고 비닐 봉지만 벗겨 버리면 된다. 바람이 불면 페트병이 움직이면서 소리를 내고 땅에 가벼운 진동을 주어 두더지 퇴치 효과가 있다. 아무리 강한 태풍에도 빙글빙글 돌 뿐이지 날라가지 않는다. 괜찮은 아이디어 같다. 농사를 짓다 보면 이런 저런 아이디어가 한몫할 때가 많다.

**페트병을 이용한 노란색 끈끈이 트랩**
포충 효과가 뛰어나고 제작과 이용이 간편하며 비용이 적게 들고 재활용이 가능하여 친환경적이고 두더지 퇴치라는 부수적 효과도 있다.

## 6.2. 생리장해는 불량한 재배조건에서 발생한다

생리장해(physiological disorder, 생리적 무질서)는 불량한 환경이나 조건에 의해 발생하는 동해, 냉해, 서리해, 건조해, 습해, 부종, 양분결핍증, 약해 등을 말한다. 그리고 장해는 변색, 탈색, 반점, 균열, 고사, 괴사 등과 같이 무질서하고 비정상적인 모습으로 나타난다.

### 1. 추위에 강하지만 저온장해를 주의해야 한다

#### 1) 이상 난동 시, 늦겨울에 동해의 위험이 있다

동해(freezing injury)는 월동 중에 주로 가지가 얼어 죽는 것을 말한다. 실제로는 가지를 구성하는 세포 결빙으로 인해 죽는 것이다. 일반적으로 가지의 수분 함량이 낮고, 당 함량이 높으면서 저온에 점진적으로 적응되면 추운 겨울에도 견딘다. 월동 전에 가지가 충분히 굳고 서서히 저온에 순화된 휴면가지(잎눈과 꽃눈 포함)는 −30℃까지도 견딜 수 있다. 문제는 가지가 제대로 굳지 않은 상태에서 월동에 들어간다든지, 아니면 이상 난동으로 기온이 올라갔다가 갑자기 기온이 떨어진다든지, 아니면 월동 후 이른 봄에 가지에 물이 오른 상태에서 갑자기 추워지면 동해를 받기가 쉽다. 동해는 꽃눈을 포함하는 가지 끝부분부터 나타난다. 초겨울에 동해를 받은 눈은 봄이 오기 전에 갈색으로 죽어 있으며, 늦은 겨울에 받는 동해는 봄에 생장이 시작되기 전까지는 분간이 잘 되지 않으며, 동해를 입은 눈들은 부풀긴 하지만 바로 죽는다. 부분적으로 동해를 받은 것들은 일부가 정상적인 꽃으로 발달하기도 한다. 눈을 쪼개보면 죽은 눈은 원기(미발달 잎 또는 꽃)가 암갈색으로 변해 있고, 살아 있는 것들은 밝은 녹색을 띠고 있다. 주축지와 묵은 가지의 동해 여부는 봄에 생장이

**그림 6-10** 방풍망 설치

겨울철 찬바람이 불어오는 방향을 감안하여 적절한 위치에 촘촘한 그물망을 설치하면 동해방지 효과가 있다.

개시될 때까지 판단이 어려운데, 이후 피해 가지는 봄이 되어도 잎눈과 꽃눈이 부풀어 피어나지 못하고 말라죽는다. 동해를 방지하려면 내한성이 강한 품종을 선택하고, 산간지대에 바람이 심한 지역은 피하고, 필요 시에는 방풍망을 설치한다(그림 6-10 참조). 가지가 충분히 굳어진 상태에서 월동에 들어가야 하는데, 무엇보다도 수확 후 가을가지(3차 가지)의 생장을 억제하고, 이를 위해 8월 이후 늦은 시비는 자제하는 것이 좋다. 도로변에서 겨울에 미끄럼 방지를 위해 뿌리는 염(소금, 염화칼슘 등)의 자체 해작용도 동해와 비슷하며, 가지에 염류가 분사되면 눈들의 경화를 억제시켜 동해를 촉진하기도 한다.

### 2) 개화기에는 냉해와 서리해를 조심해야 한다

냉해(chilling injury)는 영상의 저온에서 입는 피해를 말한다. 냉해는 저온에 의한 세포막의 특성 변화와 그에 따른 투과성 저하, 에너지 전달 장해 등에 의해 일어난다. 저온에서는 세포막의 구성성분인 포화지방산이 반결정 상태가 되어 막의 유동성이 떨어지고 운반 단백질이나 에너지 전달 단백질의 기능이 저하된다. 블루베리는 주로 개화기와 착과기에 냉해를 입는다.

서리해(frost injury)는 개화 전후에 서리가 내려 입는 피해이다. 0℃ 전후의 온도에서 입는 일종의 저온장해이다. 꽃눈이 부풀기 시작하면 저온에 매우 민감해지기 때문에 쉽게 장해를 입는다. 블루베리 생육 단계에서 설명한 것처럼 꽃눈이 발달하면서 점차 저온에 민감하게 반응하는데, 초기의 부푼 눈은 −12℃까지 견디지만 꽃이 활짝 핀 상태에서는 −2℃까지 견딜 수 있다. 꽃(화관)이 떨어지고 녹색의 열매가 보일 때 가장 민감하여 0℃에서 피해가 나타날 수 있다. 즉, 서리 피해가 심하게 발생할 수 있는 단계이다.

냉해나 서리해를 입으면 어린 잎은 적갈색으로 변하는데, 기온이 오르면 바로 회복이 된다. 꽃봉오리는 부분적으로 수침상의 어두운 갈색으로 변하고 자방을 잘라 보면 배주가 갈색을 띠고 있다. 피해를 입은 꽃은 수정이 안 되고

**그림 6-11** 냉해 피해(추정)

개화기에는 화통이 수침상의 어두운 갈색으로 변해 시들고 착과 직후에는 꽃턱의 화통자리, 꽃받침잎이 적자색으로 변한다(위). 피해가 심하지 않으면 대부분 씨방(배주)이 건전하고 정상과로 발달한다(아래).

**그림 6-12** 가지와 꽃봉오리 얼음 코팅

냉해 또는 서리해가 예상되면 수관부 위에 설치한 미스트 분무장치를 가동하여 가지와 꽃봉오리에 물을 살포하여 얼음 코팅을 해 준다.

* 사진 출처 : 이대호(충주 베리조아농원)

시들어 떨어진다. 착과 초기의 어린 열매의 경우도 수침상의 어두운 색상이 보이며, 나중에는 꽃받침 주변으로 둥글게 피해 흔적이 생기고 갈라지기도 한다. 심한 경우 열매는 속이 비면서 갈변하고 비대하지 않고 떨어진다. 냉해나 서리해가 예상되면 수관에 살수를 하여 가지를 얼음으로 코팅하는 방법을 쓰고 있다(그림 4-8, 그림 6-12 참조).

## 2. 천근성이라 건조와 과습에 약하다

### 1) 건조해는 겨울에도 발생할 수 있다

건조해는 수분 부족에 의한 스트레스장해로 가뭄장해(한해, 旱害)라고도 한다. 블루베리는 생육 초기에 수분이 부족하면 신초 끝이 한낮에는 시들어 고개를 숙인다. 밤에는 다시 회복되기도 하고, 대개 수분이 공급되면 바로 회복이 된다. 토양수분이 부족하거나 수분흡수장해를 받으면 잎 가장자리가 갈색으로 변하고 잎의 끝부분부터 말라들어 가는 잎끝마름현상이 나타난다. 착과 상태에서 토양이 건조하면 과실이 먼저 마르고 쪼그라든다(용기재배에서 잘

그림 6-13 건조해를 입은 신초와 습해가 우려되는 과원

토양수분이 부족하면 신초는 고개를 숙이는데, 수분을 공급하면 바로 회복된다. 고랑에 물이 고이는 밭은 습해
우려가 있으므로 반드시 피해야 한다.

나타남). 그리고 새 가지는 꽃눈 분화가 억제되어 이듬해 수량이 떨어진다. 겨
울 가뭄에도 가지가 말라죽는데, 월동 중에는 동해보다는 건조에 의한 가지마
름 증상이 많이 발생한다.

### 2) 습해는 과습에 의한 산소 부족이 원인이다

습해는 산소 부족으로 발생한다. 토양 공극이 물로 채워져 산소가 부족하
면 무기호흡을 하여 호흡기질이 쉽게 고갈되어 에너지 대사작용이 장해를 받
으며, 심하면 알코올 발효에 의해 생장저해물질이 생성된다. 이로 인해 뿌리
조직이 괴사하거나 목질화되어 양수분 흡수가 저해되어 생육이 억제되고 경
엽이 황백화되고 잎이 마르기도 한다. 또한 토양 미생물이 산소 부족 상태에
서는 $NO_3^-$, $SO_4^{2-}$, $MnO_2$. $Fe_2O_3$ 등에 결합된 산소를 이용하기 때문에 $NO_3^-$
는 탈질되어 $N_2$가 되어 공중으로 날라가 비효가 감소되고, $SO_4^{2-}$는 $H_2S$가 되
어 뿌리 썩음 현상이 나타나며, 철과 망간은 $Fe^{2+}$와 $Mn^{2+}$로 변해 과잉장해 현
상이 나타난다. 블루베리는 스스로 과습을 극복하기 위한 메커니즘이 발달되
지 않아 습해에 특별히 약하다.

**그림 6-14** 잎이 끝에서부터 마르고 타들어 가는 잎끝마름 현상(왼쪽)과 잎말림 현상

토양수분의 일시적 부족, 뿌리 절단에 의한 수분흡수장해, 지나친 시비에 따른 염류농도장해, 잎 끝에 맺힌 물방울의 볼록렌즈 효과(특히 엽소현상), 과습에 의한 산소 부족과 뿌리 피해, 칼륨결핍(특히 잎말림), 약해 등이 원인으로 추정되고 있다.

## 3. 부종은 잎에서, 열과는 과실에서 발생한다

### 1) 부종은 잎이 부풀어 생기는 물집이다

블루베리에도 부종(수종, edema, oedema)이라는 생리장해도 있다. 뿌리에서 수분을 흡수하는 속도가 잎에서의 증산보다 빠를 때 잎에 부종이 생긴다. 조직 내 급격히 커진 팽압이 엽육세포를 확장시키면서 부풀어 오르게 하여 잎 뒷면에 수포(물집) 같은 것을 만든다. 부푼 수포는 수침상으로 변하고 나중에는 함몰되어 괴사하여 코르크화되어 간다. 그러다 오래된 잎에서는 녹이 슨 것같이 보이는데 병에 감염된 징조는 안 보인다. 잎은 여전히 녹색을 띠고 광합성을 하기 때문에 제거할 필요는 없다. 따뜻한 지방에서 흐리고 습한 공기에 기온이 내려갈 때 많이 발생한다. 추운 날씨에 지나친 관수를 피하고 서늘한 이른 아침에 관수하면 발생할 위험이 높다. 노지에서는 재식 간격을 넓히고 용기재배는 물빠짐이 좋은 용토 사용이 중요하다.

### 2) 성숙기에 가물다 비오면 열과가 생긴다

성숙한 과실의 과피가 동심원상으로 또는 세로로 갈라지는 현상이다. 열

**그림 6-15** 열과

과피가 굳은 후에 갑자기 수분이 공급되면 팽압을 이기지 못하고 꽃자리 부근(왼쪽) 또는 과병 근처의 외과피가 터져 열과가 되는데 비온 뒤에 자주 발생한다.

과는 갑작스런 수분 공급과 그에 따라 증가하는 세포 팽압이 이미 성숙하여 굳은 외과피를 압박하여 생긴다. 토양이 건조한 상태에서 수분이 갑자기 공급되면 성숙한 과실의 외과피가 터지는데 품종에 따라 발생빈도와 열과 형태가 다르다. 비온 뒤에 많이 발생한다고 해서 영어로는 '레인 크래킹(rain cracking)'이라고 한다.

## 4. 철분결핍증이 자주 나타난다

블루베리에서 질소, 인, 칼륨, 마그네슘, 철분 결핍증이 발생한다. 특히 철분의 결핍 증상이 자주 나타난다. 철분은 미량요소 가운데 가장 많이 요구되는 원소로 $Fe^{2+}$ 또는 $Fe^{3+}$의 형태로 흡수되는데, $Fe^{2+}$의 용해도가 커서 더 잘 흡수된다. 철분은 광합성과 호흡작용에 관여하는 단백질과 효소의 구성성분이다. 아질산환원효소, 질산환원효소, 질소고정효소 등의 구성성분이기도 하며, 엽록소의 생합성에도 관여하는 주요 원소이다. 토양 중에서 쉽게 불용화되어 흡수가 잘 안 되고 체내 이동과 재분배가 어려워 어린잎에서 결핍 증상이 쉽게 나타난다. 특히 토양 pH가 5.5 이상이 되면 식물은 철분의 흡수 이용이

**그림 6-16** 양분 결핍 증상

① 질소결핍증 : 전반적으로 생장이 부진하고 모든 잎이 엷은 녹색을 띠며 심하면 균일하게 황백화 현상이 나타난다. 특별한 반점이나 무늬는 없다.

② 인산결핍증 : 잎이 적색~자주색을 띤다. 주로 이른 봄에 나타날 경우는 저온에 의한 인산흡수장해로 보이며, 대개 기온이 회복되면 증상이 사라진다.

③ 칼륨결핍증 : 잎이 가장자리부터 누렇게 마르며 때로는 잎이 동그랗게 말린다. 토양염류농도장해, 수분스트레스장해, 가뭄피해와 증상이 비슷하다.

④ 철분결핍증 : 잎의 엽맥은 녹색이고 그 사이가 구릿빛 황금색으로 변한다. 토양 pH가 5.5 이상일 때 나타나며 가장 흔하게 나타나는 성분 결핍증이다.

어려워진다. 결핍되면 엽록체의 구조가 깨지고 엽록소가 소실되기 때문에 잎이 황백화되며, 심하면 전체가 백색으로 변한다. 어린잎에서는 전면 황백화 현상이 나타나지만 성숙한 잎에서는 엽맥이 녹색으로 그대로 남아 있는 경우도 있다.

## 나무도 밭도 주인도 늙는다

엔트로피 증가의 법칙이라는 자연법칙이 있다. 엔트로피는 한 거시 상태에 대응하는 미시 상태의 수로 기술되는 물리적 개념이지만, 그냥 '무질서도'라고 부르기도 한다. 이 법칙에 따르면 우주도 지구도 땅도 사람도 블루베리도 시간 따라 점차 무질서해진다. 그리고 그 무질서의 끝, 가장 무질서한 상태는 종말이고 죽음이다. 결국 한 번 생성된 지구도 종말이 있고, 한 번 태어난 생명체는 자연법칙에 따라 죽을 수밖에 없다는 것이다. 종말이나 죽음에 이르는 과정을 무질서도의 증가로 이해하고, 그 과정을 흔히 '노화한다', '노후화한다', '늙는다'라고 표현한다.

블루베리 나무도 매년 늙어 간다. 성목이 되면 더 빨리 늙는다. 나무가 늙으면 체내 효소의 생산도 줄고 역가도 떨어지고 호르몬의 생성과 분포 균형도 깨지고 대사 작용이 둔화된다. 각각의 기관은 기능이 쇠퇴하고 활력이 떨어진다. 병충해와 생리장해도 점점 심해지고, 무엇보다 호흡에 의한 광합성 산물의 소모가 늘어나 과실의 품질이 크게 떨어진다. 따라서 성목이 되면 나무의 노화를 억제하는 관리에 신경 써야 한다. 과실을 지나치게 많이 달면 노화가 빨라지기 때문에 착과량을 적정 수준으로 조절하고, 가지치기는 젊은 가지를 많이 확보하는 데 초점을 맞추고 여건이 허락되면 제자리 접목을 한다.

블루베리 과원의 밭도 늙어 간다. 밭은 노후화된다고 한다. 자꾸 밟으면 토양이 단단해지고, 화학비료를 계속 주면 염류가 집적된다. 피트모스는 계속 분해되어 유기물의 기능을 잃는다. 이에 따라 토양의 통기성이 나빠지고 염류농도장해가 발생하며 유용 미생물의 번식이 억제된다. 뿌리는 활력이 떨어지고 생육이 부진해져 품질과 생산성이 크게 떨어진다. 근권 부위는 가급적 밟지 말고, 그루 주변을 황가루와 피트모스(유기물)를 적당량의 흙과 섞어 살포하고, 고랑의 굳은 토양은 깊이 파헤쳐 주거나, 우드칩으로 전면을 두껍게 멀칭하거나, 초생재배를 하도록 한다.

블루베리 밭의 주인도 늙는다. 나무처럼 밭처럼 주인도 늙어 간다. 사람이 늙으면 소화 흡수가 잘 안 되고 대사 작용이 약해 체력이 점점 떨어진다. 힘이 약해지면 노동의 질과 생산성도 떨어진다. 면역력이 떨어져 아프기라도 하면 농사를 접어야 한다. 체력과 건강 관리가 중요한 이유이다. 농부도 정년이 있다는 점을 의식해야 한다. 언제까지 농사지을 수는 없다. 때가 되면 나이와 체력에 맞게 농법을 바꾸고 규모를 줄여야 한다. 예를 들면 강전정으로 착과량을 대폭 줄인다거나 유기농 초생재배로 전환하여 농사에 투입되는 노동력을 대폭 줄이는 것도 한 방법이다.

■ 밭도 나무도 늙는다. 노화에 관심을 갖고 실천 가능한 대책을 강구해야 한다.

 ## 6.3. 야생동물 가운데 조류 피해가 크다

야생동물 가운데 조류 피해가 가장 크고 치명적이다. 그 외에 두더지, 산토끼, 고라니, 멧돼지가 피해를 준다. 조류는 피해 상황을 봐 가면서 필요할 때 방조망을 씌워 방지하고, 그 밖에 동물은 지역별, 농원별로 적당한 퇴치방법을 선택해 접근을 차단한다.

# 1. 유해조류는 방조망으로 접근을 차단한다

유해조류로는 참새, 직박구리, 물까치 등이 있는데, 이들은 주변에 경쟁 먹잇감이 있을 때는 블루베리 과원에 잘 오지 않는다. 그래서 조생종에는 거의 피해를 주지 않지만 중·만생종부터는 피해가 크다. 대책으로 반사 필름이나 기피제를 사용하거나, 허수아비, 모형 독수리, 스카이댄서를 설치하기도 하고, 총포나 폭음기를 이용하여 새들을 쫓기도 한다. 그러나 수확기에 방조망을 쳐 주는 것이 가장 확실하다. 방조망은 그물코가 10~15mm 망으로 3m 정도의 높이로 과원 전체를 덮어 준다. 외곽 기둥과 지지대 설치는 전문가나

그림 6-17 조류 피해 기피제 간이방조망 설치

새들이 익은 과실을 쪼아 피해를 입힌다. 기피제를 매달아 보지만 별로 효과가 없고 방조망 설치가 가장 확실한 방법이다.

\* 사진 출처(간이방조망) : 이병일(서울대 명예교수)

경험자의 도움을 받아야 한다. 방조망은 수확이 끝나면 걷어 주어야 한다. 그 대로 두면 태풍에 찢어지거나 지지대가 넘어질 수도 있고, 겨울에 망 위에 눈 이 쌓이면 주저앉아 나무에 피해를 줄 수 있다. 방조망은 재식 후 본격적인 수 확이 시작되는 해에 설치하고, 조류 피해를 확인한 후에 필요하다고 판단되면 설치한다. 소규모로 재배하는 농가에서는 수확기에 가벼운 그물망을 나무 위 에 덮어 주기도 한다.

## 방조망은 필요할 때 설치해야

블루베리가 익으면 새들과의 한판 싸움이 시작된다. 새들은 잘 익은 것만 골 라서 쪼아 즙액을 먹거나 열매를 통째로 물고 간다. 일 년 농사가 함께 날아가 는 것 같아 농민들은 발을 동동 굴린다. 온갖 수단을 동원하여 새들을 쫓아보 지만 그 어떤 것도 소용이 없다. 학습 효과라는 것이 있어서 새들이 금방 알아 채 버린다. 그래서 농민들은 방조망이라는 그물을 친다. 그런데 방조망 없이 농사짓는 농가도 꽤 있다. 새들이 와서 과실을 쪼아 피해를 입히기는 해도 견 딜 만하다는 것이다. 이런 농가들은 새들과 함께 나눠 먹는다는 생각으로 어느 정도의 피해를 감수한다. 새들이 벌레를 잡아먹기 때문에 오히려 도움이 된다 고도 한다. 실제로 조사해 보면 조류 피해는 지역과 품종에 따라 다르다. 앞서 기술한 것처럼 조생종이 익을 무렵에는 주변에 새들에게 친숙한 오디(뽕나무), 버찌(벚나무) 등과 같은 열매가 익어 블루베리 밭에는 거의 날아들지 않는다. 그래서 조생종인 듀크 품종만 재배하는 농가는 방조망의 필요성을 거의 느끼 지 못한다. 그런가 하면 농장 주변에 매와 같은 맹금류의 소굴이 있어서 새들 이 없다는 농가도 있다. 그러니 개원하면서 미리 방조망을 칠 필요는 없을 것 같다. 이것저것 따져 보고 필요하다고 판단되면 그때 방조망을 치는 것이 좋 다. 전국 블루베리 농가의 30% 정도만 방조망을 설치했다(농촌진흥청, 행정통계 2016). 방조망 없이도 블루베리 농사가 가능하다는 이야기이다.

**그림 6-18** 두더지굴과 바람개비 설치

두더지가 그루 주변에 굴을 파놓았다. 바람개비를 설치하면 바람개비 돌아가는 소리와 막대기의 진동이 땅에 전달되어 두더지의 접근을 막을 수도 있다.

## 2. 두더지는 뿌리 근처에 굴을 파서 건조해를 유발한다

두더지가 굴을 파 놓으면 뿌리가 들떠서 나무가 말라죽는다. 두더지는 그루 주변에 있는 굼벵이나 지렁이가 주요 먹이이다. 유기물 멀칭을 하면 두더지 먹이가 번성하여 피해를 입는 사례가 많다. 이런 점에서 지나치게 두꺼운 멀칭은 피해야 한다. 두더지약도 있지만 덫을 설치하여 포살하는 것이 확실한 방법이다. 그 외에도 바람개비나 빈 페트병(적절하게 절단하여 바람이 통과하도록 함)을 설치하여 소리를 내거나 땅을 진동시키는 장치를 이용하면 두더지의 근접을 막을 수 있다. 피해가 확인되면 바로 물을 주거나 비온 뒤에 땅을 밟아 두더지 굴을 뭉개 들뜬 뿌리를 흙에 밀착시켜 준다.

## 3. 산토끼, 고라니, 멧돼지도 요주의 동물들이다

산토끼는 유목의 밑동을 싹뚝 잘라 피해를 순다. 그래서 묘목을 식재한 후에 피해를 입는 경우가 종종 있다. 산토끼가 출몰하는 지역에서는 주의할 필요가 있다. 고라니는 유목의 어린잎을 따 먹는다. 유목기에는 나무 주변을 적

**그림 6-19** 재식 후 유목의 보호와 멧돼지 방지용 전기 철책

산토끼와 고라니 피해를 막기 위해 어린 나무를 플라스틱 통이나 비료 포대로 감싸 준다. 멧돼지는 과원 주변으로 펜스를 치거나 전기 철책을 설치해 방지한다.

절한 도구로 감싸서 접근을 차단하는 것이 좋다. 멧돼지는 나무를 파헤치거나 뭉개면서 피해를 입히는데 과원 주변에 펜스를 치거나 전기 철책을 설치하거나 잘 훈련된 개를 키우면서 야생동물의 접근을 막아 준다.

## 블루베리 밭의 '풍산이'와 '똑똑이'

한적한 시골, 외진 산기슭에 위치한 블루베리 밭에서 만난 풍산개와 길고양이, 그들의 이름은 풍산이와 똑똑이이다. 거창 샘내블루베리농원의 풍산이는 풍산개의 면모에 과묵하기가 이를 데 없다. 낯선 방문객을 보고도 짖지 않는다. 주인과 함께하는 손님에겐 절대로 짖지 않는다고 한다. 그러나 혼자 온 낯선 사람, 특히 밤손님은 여지없이 내쫓는다. 훌륭한 보안 경비원 역할을 한다. 넓은 과원을 이리 저리 뛰어다니며 야생동물의 접근을 허락하지 않는다. 새도 쫓고 멧돼지와 고라니가 얼씬도 못하게 한다. 가끔씩 야생동물을 잡아 물고 와 주인에게 자랑하기도 한다. 충주 발화블루베리농원의 똑똑이는 이름 그대로 똑똑하고 귀여운 고양이이다. 고양이는 개하고 달리 주인을 잘 따르지 않는다고 했는데, 이 농원의 고양이들은 달랐다. 외진 곳에서 서로 친숙해지니 일하러 밭에 나가면 따라나서고, 주인 곁을 맴돌며 떠나지를 않는다. 가끔 두더지도 잡고 뱀도 잡아 주인 앞에 갖고 와서 으스댄다. 주인에 대한 애정과 충성심의 표현이라고 한다. 농사는 혼자 하는 일이 많은데 똑똑이가 곁에 있으면 나름의 대화가 이루어진다. 부부는 반려인생, 블루베리는 반려식물, 풍산이와 똑똑이는 반려동물, 한적한 시골의 나 홀로 농사에서 함께할 수 있는 이들이 있는 한 결코 혼자가 아니다.

▐ 거창 샘내블루베리 밭에 앉아 있는 풍산이 ▐ 충주 발화블루베리 밭에서 쉬고 있는 똑똑이

# 7장

## 수확과 저장,
## 무엇보다 잘 팔아야
## 성공한 농사다

# '적기에 수확하여 식혀서 출하하고 직거래하자'

수확, 정말 잘 해야 한다.

수확의 잘잘못은 과실의 품질과 저장력에 결정적인 영향을 미치기 때문이다.

적기에 완숙과를 골라 기술적으로 따야 한다.

수확한 과실은 충분히 식힌 후 포장하여 시장에 출하한다.

가급적이면 직거래하고 남으면 냉동 저장했다가 판다.

## 7.1. 수확기 판정이 중요하다

반드시 완숙과를 수확해야 한다. 과실의 완숙 여부는 과색, 맛, 경도, 탈리 강도 등을 보고 판단한다. 과피 전체가 청자색으로 완전하게 물든 후 3~7일 지나 수확한다. 맛은 주로 단맛과 신맛이 좌우하는데 맛을 보고 수확하는 것이 좋다.

### 1. 과실은 단계별로 비대·성숙한다

나무의 특성에서 본 것처럼 과실은 3단계 과정을 거쳐 비대한다. 1단계는 세포분열로 과실이 비대하는 시기, 2단계는 종자형성기로 과실비대가 멈추는 시기, 3단계는 세포신장으로 과실이 비대하는 시기이다. 특히 3단계에서 과실의 무게와 부피가 빠르게 증가하는데, 조생종인 '얼리블루'의 경우는 3일 동안에 무려 30%의 체적이 증가한다. 과실이 성숙 단계에 들어가면 과피색이 처음엔 적색을 띠다가 점점 짙은 청자색으로 변한다. 과색이 변하는 것은 성숙 단계별로 생산되는 안토시아닌의 종류와 함량이 다르기 때문이다. 착색이 진행되면서도 과실이 눈에 띄게 커지는 것을 볼 수 있으며, 아울러 단맛이 증가하고 신맛은 떨어진다. 그리고 과육이 점차 물러지며, 과실은 가볍게 당겨도 쉽게 떨어진다.

블루베리는 나무에서 완전하게 성숙하고, 수확 후에는 추숙, 즉 추가적인 성숙이 일어나지 않는다. 부분적으로 착색이 덜 된 적색 미숙과는 수확 후 상온에 두면 청자색으로 물들기는 하지만 다른 과실에서 보는 것처럼 수확 후에 녹말이 당으로 분해되어 단맛이 증가하는 추숙은 거의 없다고 봐야 한다. 그래서 수확 전 나무에서 완전하게 성숙해야 블루베리 고유의 제 맛을 낼 수 있다.

## 2. 완숙과를 적기에 수확해야 한다

블루베리의 완숙 지표로는 과색, 당도, 산도, 경도, 탈리성 등이 있다. 무엇보다 과색과 맛은 수확 적기, 완숙 여부 판단의 중요한 기준이 된다.

### 1) 과색은 가장 중요한 성숙지표이다

과실의 색은 푸른색, 보라색, 흑청색, 흑자색, 청자색 등으로 표현되는데, 청자색(靑紫色)을 대표 색으로 본다. 과실의 착색 여부는 가장 확실한 성숙기 판정의 지표이다. 과피가 청자색으로 변하면 일단 성숙했다고 보면 되지만, 과피 전면이 완벽하게 물든 후 품종과 날씨에 따라 3~7일 지나서 수확하는 것이 가장 크고 풍미가 좋다. 농가에서는 과실의 상단 꼭지 부분에 과병을 중심으로 한 흑자색의 검은 테두리를 완숙의 지표로 이용하기도 한다. 흔히 이 무늬를 O링(ring)이라고 부르며, 이 O링이 선명한 것을 수확대상으로 삼고 있다.

과실의 착색비율을 보고 수확 적기를 판단하기도 한다. 한 나무를 기준으로 전체 과실의 15~20%, 송이를 기준으로 할 때는 70%가 완전히 착색되었을 때 수확을 시작한다. 그렇지만 품종과 날씨에 따라 성숙 편차가 크기 때문에 이 비율을 근거로 수확기를 결정하는 것은 실용적이지 못하다. 품종에 따라서는 나무의 전체 과실이나 송이 전체가 100% 착색되어 일시에 수확하기도 한다(예를 들어 원더풀). 어찌됐든 간에 한두 개 익었다고 바로 따지 말고 적절한 간격을 두고 온전하게 착색되어 충분히 익은 완숙과를 수확하는 것이 중요하다.

### 2) 당산비(당도/산도)는 맛의 결정적 요인이다

맛은 성숙의 절대적인 지표이다. 완숙과를 따야 하는 이유는 완숙해야 맛있기 때문이다. 과실의 맛을 결정하는 중요한 요인은 당산비(당도/산도)이다. 당도는 당함량(가용성 고형물, 전당)에 의해 결정되는데 주요 당은 90% 이상이 과당과 포도당이며, 일부 설탕이 포함되어 있다. 완숙과의 당도를 굴절당도계로 측정해 보면 10~15Bx(브릭스)가 나오는데 13Bx 이상이면 단맛을 강하게 느낄 수 있다. 산도는 구연산과 그 밖의 유기산으로 결정되는데 성숙과정에서 당 함량은 증가하고 산 함량은 감소하여 당산비가 증가한다. 이 당산비는 블루베리의 품질, 특히 맛을 결정하는 중요한 요소가 된다. 완숙과의 당산비는 품종에 따라 차이가 큰데 만생종은 당산비가 낮아 신맛이 강하다. 소비자에 따라 선호하는 당산비가 다른데, 젊은 소비자들은 당산비가 낮은, 즉 신맛이 강한 과실을 선호하는 경향이 있다.

### 3) 경도는 높을수록 식감과 저장성이 좋아진다

과실의 품질을 결정하는 요소 가운데 하나가 경도(단단한 정도)이다. 경도는 식감을 좌우하고 저장성, 유통성에 큰 영향을 미친다. 고품질 과실은 경도가 높아 단단해야 한다. 과실은 익어 가면서 점차 경도가 낮아지는데, 과숙하면 급격히 물러진다. 그러므로 과실이 과숙하여 무르기 전에 어느 정도 단단할 때 수확해야 한다. 경도는 품종에 따라 다르고 대과보다는 소과가 높다. 경도는 경도계로 측정하기도 하지만 보통은 손가락 끝의 감촉이나 먹어 보면서 판단하는 것이 일반적이다.

### 4) 탈리성은 품종과 성숙도에 따라 다르다

탈리성은 성숙한 과실이 과병(열매자루)에서 떨어지는 성질을 말한다. 품종별로 큰 차이가 있지만 대개는 성숙이 진행됨에 따라 탈리가 쉽게 일어난다. 미숙과는 과실을 과병에서 분리하기가 어렵지만 완숙한 과실은 쉽게 분리가 된다. 즉, 잘 익은 과실은 손끝으로 가볍게 건드려 들어올리면 쉽게 떨어져 수확이 쉬워진다. 품종에 따라서는 과숙 상태가 되면 살짝 건드리기만 해도 우수수 떨어지는 것도 있다. 착색과 함께 탈리성을 감각적으로 판단하여 익은 것부터 하나씩 손으로 수확한다.

그림 7-1 나무 전체의 착과 모습, 송이별 착과 상태, 완숙 판단의 지표 O링

과실이 한두 개 익었다고, 서둘러 따지 말고 전체가 일정 비율 차색이 되었을 때 수확한다. 처음에는 O링(오른쪽 사진 화살표 →)을 하나 하나 확인해서 따지만 익숙해지면 보지 않고도 완숙과를 구분해 수확할 수 있다.

그림 7-2 과실 꼭지 부분이 빨간 미숙과

초보 농부는 물론 경험이 많은 농부도 조금만 방심하면 꼭지 부분이 빨간 미숙과를 수확하게 된다. 꼭지 부분은 잘 안 보여 착색 여부, O링의 확인이 쉽지 않기 때문이다. 미숙과는 신맛이 강하고 맛이 없으며, 수확 후 상온에 두면 착색은 진행되지만 추숙이 되지 않아 맛은 좋아지지 않는다. 그래서 미숙과는 절대로 수확해서는 안 된다. 미숙과를 맛본 소비자들은 블루베리를 영원히 외면할 수도 있다.

## 먹어 보고 따라. 입은 최고의 당도계

수확철에는 아침마다 농장에 나가 익은 것들을 한 알 두 알 따 먹어 본다. 열매를 꼼꼼히 관찰하며 직접 손으로 따서 맛을 보고 그날의 수확 일정을 잡는다. 이렇게 색은 눈으로, 경도는 손끝 감촉으로, 맛은 입으로 확인하고 수확하는 것이 좋다. 일각에서는 굴절당도계나 비파괴당도계를 권장하기도 한다. 당도계는 과실의 당함량을 측정하는 기구이다. 비파괴당도계는 과실을 으깨지 않고 바로 갖다대기만 해도 당도 측정이 가능하다. 그런데 블루베리에서도 이런 당도계 사용이 굳이 필요한지 모르겠다. 단맛이 중요하다는 주장에는 누구나 동의한다. 과실은 우선 달고 봐야 한다. 품질 향상은 곧 당도 향상이다. 이런 생각들이 우리들 인식의 저변에 깔려 있다.

그런데 블루베리 소비자들은 유독 까다롭다. 블루베리는 고급 과실이라는 인식을 갖고 있다. 당도만으로는 사과, 포도를 따라잡기 어렵고 소비자 입맛을 충족시킬 수 없다. 달기만 하면 맛이 없고 심심하다는 사람도 있다. 누군가는 단맛에 뭔가 임팩트(impact, 충격)가 필요하다고도 한다. 블루베리의 맛은 단맛으로만 결정되는 것은 아니다. 무엇보다도 단맛에 적절한 신맛으로 임팩트를 줘야 한다. 달콤하고 새콤한, 새콤달콤함이 진정한 블루베리의 맛이다. 바로 이런 맛을 측정할 수 있는 도구가 사람의 입이다. 당도계는 단맛을 측정하지만 마침 사람의 입은 단맛에 더하여 신맛, 향기, 식감 등을 동시에 측정할 수 있다. 이 입 저 입 편차가 다소 있기는 해도, 사람마다 입맛이 다르긴 해도, 제 입맛에 젖어 자기 것이 최고라고 빡빡 우기는 사람들이 있기는 해도, 입이라는 다기능 당도계, 완숙과를 고르는 데 이보다 더 좋은 당도계는 없다.

수확기술, 제대로 적용하자

> 잘 익은 과실부터 손으로 하나하나 수확한다. 수확한 과실을 직사광선과 고온
> 에 두면 품질이 급격히 떨어진다. 시원한 시간에 따고, 수확한 것들은 바로 시원
> 한 곳으로 옮긴다. 상처가 나지 않게 하고 가급적 과분이 지워지지 않도록 조심
> 한다.

## 1. 수확량과 수확기간은 재배조건에 따라 다르다

블루베리는 2년생 묘목의 경우 재식 후 그해에도 수확이 가능하다. 그러나
대개는 영양생장을 촉진하기 위해 꽃눈을 따 주기 때문에 2년째부터나 조금
씩 수확이 가능하다. 본격적인 수확은 5년 이상 되어 성목이 되고서부터이다.
성목 기준으로 주당 수확량을 보면 북부하이부시 3~4kg, 남부하이부시와 하
프하이부시는 2~3kg, 래빗아이는 7~10kg이다. 10a당 수량은 1,000kg 내외
로 북부하이부시는 800~1,000kg, 래빗아이는 1.5배 많은 1,200~1,500kg이
다. 일본의 한 농가의 경험에 따르면 북부하이부시의 경우 수령별 수량은 5년
생 1kg, 6년생 3kg, 7년생부터는 5kg으로, 잘 자란 성목은 매년 주당 5kg 이
상을 지속적으로 수확할 수 있다. 수확 개시에서 종료 시까지 걸리는 수확기
간은 품종, 전정 강도, 생육상태, 날씨 등에 따라 다른데 성목을 기준으로 약
2~4주간이다. 이것은 나무별, 결과지별, 과방 내 소과별로 성숙기가 다르기
때문이다. 그래서 블루베리 수확은 품종 간 차이는 있지만 전체적으로 평균 5일
간격으로 수확하며 주당 4~5회 정도 수확하게 된다.

## 2. 수확은 시원한 시간에 손으로 하나씩 골라 딴다

수확방법은 손수확과 기계수확이 있다. 손수확은 순차적으로 익은 것부터 하나하나 따야 하기 때문에 노동력이 많이 소요된다. 외국의 대규모 기업농에서는 초기 2회 정도는 손으로 수확하여 생과용으로 출하하고, 나머지는 기계로 수확하여 냉동 또는 가공용으로 출하한다. 우리나라는 재배규모가 작기 때문에 손으로 수확한다. 손으로 수확할 때는 인부(picker)가 착색과 탈립 강도를 눈이나 손끝으로 판단하여 하나씩 따는데, 수확 바구니를 허리에 차고 양손으로 수확하는 것이 편리하다.

하루 중 아침과 저녁 시원한 시간에 따고, 햇볕이 뜨거운 낮 동안에는 피한다. 이른 아침 이슬이 맺혀 있을 때나 비가 올 때도 수확해서는 안 된다. 과실에 물기가 있으면 유통 중에 부패하거나 곰팡이가 피어 품질이 떨어진다. 과실은 과피가 얇고 부드러워 상처를 입기 쉬워 조심스럽게 다뤄야 한다. 과실을 잡아당겨 따지 말고 가볍게 한쪽으로 제치면서 비틀 듯 잡아당기는 것이 좋다. 이때 무리하게 당기면 과병자리에 상처가 생기거나 과피가 찢어져 과실의 품질이 나빠진다. 수확할 때는 표면의 과분이 가능하면 지워지지 않도록 하는 것이 좋다. 과분은 블루베리 과실의 특징으로서 신선도를 나타내며 상품성을 높인다. 그러므로 수확할 때나 그 후의 취급 과정에서 과분이 지워지지 않도록 또는 과분에 지문이 남지 않도록 해야 한다. 이를 위해 얇고 부드러운 면장갑이나 고무장갑을 착용하고 가능하면 취급 과정을 단순화시키는 것이 좋다.

성인 한 사람이 하루 수확할 수 있는 양은 과실의 크기와 수확 인부의 숙련도에 따라 다른데, 수확 최성기에는 30~40kg 정도 가능하다. 이를 기준으로 볼 때 수확 최성기에는 10a당 2~3명의 인부가 필요하다. 지역에 따라서는 인부 구하기가 쉽지 않은 경우도 있다. 특히, 주변에 경쟁 농장이 있을 때는 작업환경이 좋고 과실이 큰 농장에 인부를 뺏길 수도 있다.

수확할 때는 완숙과는 가급적 모두 따고 남기는 일이 없어야 한다. 남은 완

**그림 7-3** 블루베리 수확과 과실의 과분 유지

수확용 바구니를 이용하는 것이 좋다. 일반적으로 바구니를 차고 두 손으로 수확하는데, 얇은 면장갑이나 라텍스 고무장갑을 착용하여 위생에 신경을 쓴다. 그리고 아래 오른쪽 사진 속 ○ 안의 과실처럼 과분이 지워지지 않도록 조심한다.

숙과는 바로 과숙과가 되어 품질이 나빠지고 무엇보다도 병해충의 기주가 되어 피해가 커진다. 특히 여러 가지 파리류 해충이 많이 달려드는데 그 가운데 하나가 황색초파리이다. 성숙 과실에 구멍을 뚫고 산란하여 구더기를 발생시키므로 조심해야 한다.

## 3. 수확한 과실은 즉시 시원한 곳으로 옮겨야 한다

수확한 과실은 한여름 직사광선 아래에 잠시만 있어도 과면이 햇볕에 데이고 색깔이 변하며 물러지기 쉽다. 그래서 밭에 임시로 놓아두어야 할 때는 반드시 그늘에 두어 품온(과실체온)을 내려야 한다. 필요하면 수확한 과실을 임

그림 7-4 **수확 바구니 잠시 그늘에 두기와 저온 작업실에서 수확한 과실 식히기**

필요하면 수확한 과실을 바람이 잘 통하는 그늘에 잠시 놔둘 수 있다. 직사광선은 절대 피해야 한다. 더 좋은 것은 수확 후 바로 저온 저장고나 저온 작업실로 옮겨 수확한 과실을 편평한 용기에 얇게 펴 품온을 낮추고 과병 자리 상처를 아물게 해 준다.

시로 놓을 그늘막 시설을 만들어 사용할 수 있지만, 그 보다는 수확하는 대로 바로바로 시원한 저온 작업장으로 옮기는 것이 좋다. 옮긴 과실은 바람이 잘 통하고 바닥이 10cm 정도로 낮은 편평한 용기(그림 7-4 오른쪽 참조)에 펼쳐서 서서히 품온을 낮추어 준다. 그리고 비가 올 때 수확하면 과병 자리에 곰팡이가 발생하고 부패하기 쉽다. 우중 수확은 피해야 하지만, 피할 수 없다면 젖은 과실들을 선선하고 바람이 잘 통하는 곳에 넓게 펴고 제습기나 선풍기로 습기를 제거하거나, 마른 헝겊으로 과립 하나하나 물기를 조심스럽게 닦아내 빠르게 건조시켜 출하해야 한다.

## 서두르지 말고 참고 기다려라

수확에 앞서 자주 하는 말이 있다. 기다려라. 서둘지 마라. 한 템포 늦춰 봐라. 알이 작다고 실망하지 마라. 어느 날 쑥 커질 거다. 그렇다. 착색 이후 알이 작아 볼품 없던 것들이 하루아침에 훌쩍 커져 있다. 그러니 착색이 되었다고 서둘러 따지 말고 기다렸다 따라는 것이다. 착색이 되어도 더 커질 수 있고 또 그래야 맛이 제대로 들기 때문이다. 때론 과실이 심심하고 아무런 맛이 없는 경우도 있다. 특히 비온 뒤에 찾아온 심심한 맛, 맛이 들 때까지 기다려야 한다. 한참 더울 때 늦게 수확하는 만생종은 신맛이 강한 경향이 있어 충분히 기다려야 한다. 기다릴수록 신맛이 줄어 맛있는 열매를 딸 수 있다. 그래서 완숙과를 모두 땄다고 가정했을 때 품종에 따라 3~7일을 기다리라고 했다. 조생종 듀크는 3일, 만생종 엘리어트는 7일 정도 기다려야 한다. 참아라, 그러면 커질 것이다. 기다려라, 그러면 맛이 들 것이다.

## 7.3. 과실은 식힌 후 저온에 저장한다

수확한 과실은 미리 식혀 과실의 품온을 낮추면 저장성이 크게 증가한다. 수확 후 가급적 속히 2℃에서 식히고, 이후 0~1℃에 저온 저장한다. 가정용 냉장고에서 밀폐 저장하면 1개월 이상, -20℃에 밀폐하여 냉동 저장하면 1년 이상 이용할 수 있다.

### 1. 수확한 과실은 예냉, 즉 미리 식힌다

블루베리는 한여름 고온 다습한 계절에 수확한다. 수확한 과실은 고온에 두면 쉽게 물러지고 품질이 떨어지며 유통수명(보구력, shelf life)이 크게 짧아진다. 따라서 수확 후 과실의 품온을 즉시 떨어뜨려 주어야 한다. 이를 위한 작업을 미리 식히기, 즉 예냉(豫冷, pre-cooling)이라고 한다. 앞서 〈그림 7-4〉에서 본 것처럼 수확한 과실을 통풍이 잘 되는 그늘진 곳에서 임시로 식히는 것도 예냉의 한 방법이다. 그러나 본격적인 예냉 방법은 수확한 과실을 신속하게 2℃ 정도의 저온고에 2시간 이상 넣어두는 것이다. 그리고 0~1℃에 저장하면 2주 이상 상품성(소비자 이용성과 구분할 것)을 유지하면서 유통시킬 수 있다. 블루베리는 수확 후 저장 중에 당과 산 함량이 줄고 과병 자리에 곰팡이가 피고, 물러지며 침출물이 흘러나오는 등의 증상을 보이는데 예냉을 하면 이런 증상이 크게 줄어든다.

우리나라 농가에서 흔히 사용하고 있는 과실의 품온을 낮추는 방법(일종의 간이 예냉)은 살펴보면 첫째 과실 온도가 떨어진 아침이나 저녁 무렵에 과실을 수확하는 것이다. 두 번째 수확한 과실을 통풍이 잘 되는 서늘한 장소나 나무 그늘에 놔두는 것이다(가능하면 이 과정은 생략하는 것이 좋음). 세 번째 에어컨을 가동하여 18~20℃가 유지되는 선별·포장하는 작업실로 바로 옮기는 것이다. 저온 유지 작업장에서는 통풍예냉기를 사용하기도 한다. 통풍예냉기는 작업장 실내의 찬 공기를 환기 팬을 이용하여 강제로 유입 배출하는 과정에서 과실의 품온을 좀 더 빨리 떨어트리는 장치이다(그림 7-5 참조). 재배규모가 작

**그림 7-5** 예냉용 저온 저장실 및 간이 통풍예냉기

한여름 고온기에 수확한 과실을 저온 저장고(2℃)나 저온 작업실(18℃)로 옮겨 품온을 즉시 낮춘다. 간이 통풍예냉기를 도입하면 더 빠르게 예냉할 수 있다.

고 직거래 중심으로 경영하는 농장에서는 이런 식으로 과실을 충분히 식힌 후 포장 출하하면 된다. 그리고 그날 출하하고 남는 과실은 다음 날 출하하거나 냉동저장한다. 이 경우 용기와 포장 박스(스티로폼)도 같은 온도에 보관하여 과실과 같은 온도로 식혀 작업하는 것이 효과적이다. 그러나 규모가 큰 농장에서는 물량이 많고 그날 그날 출하가 어려운 경우에는 0~2℃에 저장하고 출하할 때는 다시 18~20℃ 정도의 작업장에서 품온을 높인 후 출하하고 있다. 품온을 높이는 이유는 과실 표면의 결로(이슬 맺힘, 結露)를 방지하기 위해서이다. 저온저장하면 1~2주는 상품성을 유지할 수 있으며, 여기에 유황 패드 등을 처리하여 곰팡이 발생을 방지하면 1개월 정도까지 상품성 유지가 가능하다. 이러한 출하 전 장단기 저온저장은 수확 성기에 출하량을 조절하여 홍수출하로 인한 가격하락을 막을 수 있다.

## 2. 저장방법으로 저온저장과 냉동저장이 있다

### 1) 저장 전 처리로 저장성을 향상시킨다

블루베리 과실의 부패와 곰팡이 번식을 방제하기 위해 이산화염소, 차아염소산나트륨(락스 희석액) 등의 약제를 사용할 수 있다. 그러나 약제 잔류물, 과분소실 등의 문제가 있어 상품성과 소비자 신뢰를 잃을 수 있어 국내 적용에는 어려움이 있다. 염화칼슘 1% 용액을 2℃로 조정하여 2~4분 정도 침지하면 경도가 증가하여 저장수명을 늘릴 수 있지만 이 또한 과분이 제거된다는 단점이 있다. 국내 일부 농가에서는 유황 패드와 이산화염소 훈증 처리를 하여 저장성을 높이기도 한다.

### 2) 저온저장은 일시적인 저장에 이용한다

저장온도는 일반적으로 동결되지 않을 정도의 낮은 온도가 좋다. 그래서 저장의 최적온도는 −0.5~0℃이지만 실용적으로는 0~1℃에 저장하는 것이 좋다. 1℃ 저장은 10℃ 저장에 비하여 보존성이 3~4배 증가하며, 22℃ 정도 되는 실온에 두면 과실이 물러지고 곰팡이가 피는 등 부패하기 쉽다. 적정 저온에서 상대습도를 90~95%로 유지해 주면 하이부시는 약 14일, 래빗아이는 약 30일 저장이 가능하다. 저장기간은 품종별로 다르고 동일 품종 내에서도 일찍 수확하는 과실은 저장기간이 길고 수확이 늦을수록 저장기간이 짧아진다.

소비자 입장에서 가정용 냉장고를 이용하는 경우, 상태가 좋은 과실을 기준으로 2주 이상 1개월까지 저장이 가능하다. 그리고 밀폐 냉장하면 1개월 이상 저장할 수 있는데, 이 경우는 저장 중 개폐를 반복하지 않는 조건을 전제로 하고 있다. 경험에 비추어 보면 밀폐용기나 밀봉한 봉지에 담아 김치냉장고에 보관하면 3개월 이상 저장도 가능하다.

### 3) 냉동저장은 장기 저장 시에 이용한다

블루베리는 완전 밀폐된 용기나 봉지에 넣어 −20℃에 냉동저장하면 1년 이상 이용이 가능하다. 그리고 초저온(−60 ℃)에서 급속 냉동을 하면 품질을 더 좋게 유지할 수 있다. 과실을 세척 후 바로 냉동하면 서로 달라붙어 소비자 이용이 불편해진다. 물기를 완전히 제거한 후에 냉동해야 한다. 그래서 대규모 기업농에서는 세척된 과실을 서로 떨어진 상태로 운반 벨트 위에 올려놓고, 벨트가 냉동 터널을 지나면서 과실이 급속 냉동되는 방식을 이용한다. 이런 냉동 방식을 개별급속냉동(IQF; Individual Quick Freezing)이라고 한다. 국내에서는 사용 사례가 아직 없으며, 친환경 무농약에 위생적 관리를 전제로 하여 씻지 않고 바로 냉동하고 있으며, 소비자도 그대로 이용하는 것이 일반적이다.

**표 7-1**  국내산 블루베리의 저장 온도에 따른 저장 가능일

| 품질기준 | 품종 | 저장 한계 기간(일) | | |
|---|---|---|---|---|
| | | 0℃ 저장 | 5℃ 저장 | 25℃ 저장 |
| 중량감소 7% 이내 | 듀크 | 22 | 14 | 3 |
| | 블루크롭 | 32 | 18 | 2 |
| 부패율 20% 이내 | 듀크 | 24 | 8 | 3 |
| | 블루크롭 | 16 | 8 | 3 |

\* 농촌진흥청(2008).

**그림 7-6**  냉장 콘테이너를 이용한 블루베리 선박운송

칠레에서 한국까지 선박으로 운송하는 데 30~40일 정도 걸린다. 플라스틱 필름으로 밀봉(MA저장)하여 0℃에 냉장하여 운송하면 신선도 유지에 전혀 문제가 없다. 완전 밀봉하여 0℃에 저장하면 1개월 이상 장기 저장도 가능하다는 것을 보여 준다.

## 소규모 농가의 수확 후 과실관리

수확 후 관리에 대해 다양한 주문을 하고 있다. 수확하면 바로 품온을 낮춰라, 예냉을 해라. 가능하면 급냉을 해라. 예냉 후 0~2℃에 저장해라. 선별해서 출하해라. 그러나 소규모 농가에서는 쉽지가 않다. 대규모 기업농에서 하는 기술이나 방법을 그대로 따라할 이유가 전혀 없다. 우리식으로 하면 된다. 수확한 과실은 바로 18~20℃의 저온 작업실(저장고, 에어컨 가동 실내)에 옮겨 식히면 되고, 상황에 따라서는 식히면서 포장을 한다. 소규모 직거래 농가에서는 실제로 그렇게 해도 아무 지장이 없다. 저온 작업실에서 그 정도의 온도에서 예냉을 하는 것만으로도 실제 유통에서 전혀 문제가 되지 않는다. 그냥 과실을 충분히 식혀서 출하한다고 보면 된다. 택배 직거래 시는 용기와 포장 박스도 저온실에서 과실과 같이 충분히 식히는 것이 좋다. 대개 오전에 수확하여 오후 늦게 출하하고 있다. 6월 말까지는 아이스팩을 넣을 필요가 없다(농가에 따라서는 고급 과실로서의 품위 유지를 위해 아이스팩을 넣기도 함). 품온과 외기온의 차이에서 생기는 결로(이슬맺힘, 과표면에 물기 형성)가 발생하지 않는다. 이러한 단순 유통 시스템은 우리나라이기 때문에 가능한 일이다. 전국 어디에나 오후에 보내면 다음 날 배달이 완료되는 택배 시스템이 있기 때문이다. 유통에 있어서도 한국적 상황을 고려한 기술의 적용이 필요하다. 선별도 직거래에서는 큰 의미가 없다. 수확할 때 1차로 선별이 가능하고, 포장 전에 눈에 띄는 것들을 골라내는 정도면 충분하다. 가능하다면 선별기를 이용하지 않는 것이 좋다. 수확한 과실에 자꾸 손을 대면 과분이 지워지면서 신선감이 떨어지기 때문이다.

## 7.4. 유통 판매는 직거래가 유리하다

> 수확한 과실은 필요하면 선과하여 상품성을 높인다. 큰 농장에서는 선과기를 이용하지만 작은 농가에서는 손으로 선별한다. 수확한 과실은 적절한 단위로 포장하여 직거래하거나 경매시장, 대형마트, 로컬푸드, 생협 등에 출하하는데 가능하면 직거래하는 것이 유리하다.

### 1. 과실은 등급별로 골라서 공판장에 출하한다

대규모 농장이나 영농조합에서는 선과장을 별도로 운영한다. 선과장에서 이루어지는 작업은 불순물 제거, 등급선별, 포장 등이다. 자동선별기를 도입하여 모든 과정이 자동화되어 있는데, 컴퓨터와 연결되어 생산자가 미리 입력한 기준별 수치에 따라 등급별로 선별하게 된다. 등급선별에서 주요 기준은 크기, 경도, 색깔, 당도 등이며, 현재 사용되는 자동선별기에서 보편적으로 적용되는 기준은 크기와 경도이다(그림 7-7 참조).

우리나라는 대부분 영농규모가 작고 손으로 수확하기 때문에 수확 과정에서 이미 맛, 색깔, 경도는 선별이 이루어진다. 그리고 수확 후에도 저온 작업실에서 낮고 넓은 용기에 펼쳐놓고 미숙과, 과숙과, 불순물(잎, 과병 등), 피해과 등을 손으로 선별하고 용기에 담아 수확하는 경우가 대부분이다. 이때 사용하는 용기는 체처럼 바닥에 구멍이 있어 일부 작은 불순물이 밑으로 빠져 나갈 수 있는 것이 좋다. 반면에 어느 정도 규모가 되는 농가에서는 출하처가 다양하고 최소한 크기별 선별을 요구하는 경우가 많다. 이런 경우는 〈그림 7-7〉과 같은 간이선별기를 이용해 크기별로 선별하고 있다.

국내 블루베리 재배면적이 늘어나고 시장이 다변화되면서 2018년 국립농

그림 7-7 자동선별기, 간이선별기 그리고 육안 선별

자동선별기(위)는 크기, 색깔, 경도, 이물질 등을 자동으로 선별한다. 수확 물량이 많은 대규모 기업농이나 영농 조합법인 등에서 사용한다. 국내의 일반 농가에서는 경매시장에 출하하는 경우는 구멍 크기가 다른 통을 돌려 크 기만 선별하는 간이선별기(아래 왼쪽)를 사용하고 있다. 직거래 농가는 수확, 포장 과정에서 육안으로 보고 손으 로 선별하는 것이 일반적이다.

산물품질관리원에서는 블루베리 과실의 표준규격을 고시하였다. 고시에 따르면 등급 규격은 크기, 색택, 숙도, 결점과 등을 기준으로 특, 상, 보통의 3등급으로 나뉜다. 크기는 과실 횡경(mm)을 기준으로 2L(17 이상), L(14 이상 17 미만), M(11 이상 14 미만), S(11 미만)로 구분한다. 색택은 품종 고유의 색택과 함께 과분의 유지 상태를 보고 결정한다. 결점과는 중결점과와 경결점과로 구분하는데, 이품종과, 부패변질과, 미숙과, 병해충과, 피해과(일소, 열과, 오염과), 상해과(열상, 자상, 압상), 과숙과 등은 중결점과로 분류하고, 품종 고유의 모양이 아닌 것, 경미한 병충해, 중결점과에 속하지 않는 상처, 결점의 정도가 경미한 것 등을 경결점과로 분류한다.

## 2. 각자의 여건에 맞는 유통수단을 선택한다

블루베리는 생과, 냉동과 또는 가공품으로 유통되고 있다. 국내 유통은 직거래, 대형마트, 경매시장, 로컬 푸드, 홈쇼핑, 생협(한살림, 초록마을, 자연드림 아이쿱 등)에 출하하는 경로가 있다.

### 1) 직거래는 모든 농가에서 이용하고 있다

직거래는 생산자와 소비지가 바로 연결되는 유통경로로 현장 방문판매, 전화 주문판매, 인터넷거래 등을 포함한다. 소규모 농장에서는 대부분 직거래를 하며, 농장마다 저온 저장고나 냉동 저장고를 운영하면서 주문에 따라 택배로 운송하고 있는데, 중간 상인이 없고 소비자와 직접 거래하는 것이므로 상대적으로 높은 가격을 받을 수 있다. 직거래는 보통 kg 단위로 포장하여 출하한다. 생과를 담는 기본 용기는 투명 플라스틱 제품으로 뚜껑을 열지 않아도 과실을 볼 수 있어야 하고 구멍이 있어 통풍이 잘 되어야 한다. 보통 250g이나 500g 용량의 소용기를 2개 혹은 4개씩 스티로폼, 종이박스 등에 담아 배송한다. 스티로폼 박스를 이용할 때는 선도 유지를 위해 아이스팩을 넣기도 한다. 아이스팩을 이용할 때 품온을 충분히 떨어트리지 않으면 운송 중 결로현상이 발생할 수 있다. 대부분의 농가에서는 경험상 초여름(6월 말까지)에는 아이스팩을 사용하지 않아도 전혀 문제가 없다고 한다. 포장 과정에서 상표, 생산이력, 농가 소개, 과실 취급과 이용 방법 등을 용기에 부착하거나 특별히 제작한 전단지를 첨부하여 보내면 이후 고객 소비자 관리에 도움이 된다. 대량 주문인 경우에는 1차 생과를 충분히 보내 일부는 가정용 냉동고에 저장하고 나머지는 농장 냉동고에 보관해 두었다고 나중에 보내 준다. 농가에서의 냉동은 일반 냉동고(−20℃)보다는 업소용 냉동고(일명 참치냉동고, −50℃)를 이용하는 것이 품질유지와 배송에 유리하다. 냉동과는 한여름 우송은 피하고 기온이 충분히 떨어진 겨울에 하는데, 배송 중에 일시적 해동을 방지하는 것이 무엇

그림 7-8 직거래 유통에서의 포장과 출하

택배용 박스에 아이스팩을 넣고 500g 용기 4개를 넣어 2kg을 기본 거래단위로 포장하여 출하하고 있다.

보다 중요하다. 이를 위해 특별히 제작된 플라스틱 백으로 안감을 댄 주름진 봉지에 500g씩 담아 냉동보관하는 것이 좋다. 스티로폼 박스도 저온실에 보관해 두고 주문을 받는 대로 꺼내 신속하게 포장하여 우송해야 한다.

## 블루베리 농사로 돈 벌려면 직거래하라

농사로 돈 벌려면 가격이 안정되어야 한다. 지난 10년간 블루베리 가격의 변동 추이를 살펴보았다. 일반 시장 가격과는 달리 직거래 가격은 거의 변화가 없었다. 또한 매년 출하기별 차이도 없다. 첫물이나 끝물이나 가격이 비슷했다. 모두 생산자가 가격을 결정하기 때문에 가능한 일이다. 직거래는 생산자가 가격을 결정할 수 있다는 장점이 있다. 가격이 높고 안정적으로 유지될 수 있었기에 직거래 농가의 소득도 꾸준했다. 그래서 예나 지금이나 블루베리는 직거래를 해야 돈을 벌 수 있다는 이야기이다. 그렇다면 무조건 직거래만 하면 돈을 벌 수 있나. 그렇지는 않다. 직거래도 잘해야 한다. 먼저 고객을 충분히 확보해야 한다. 그리고 확보한 고객을 유지하기 위해 노력해야 한다. 자신의 인적 네트워크를 총동원하고, 홈페이지나 농장에 초대하기도 하고, 진단지도 만들어 놀리기도 하고, 홍보 현수막을 붙이기도 한다. 하지만 고객확보도 고객유지도 생각만큼 쉽지 않다. 농가마다 이것저것 해보지만, 핵심비결은 오로지 하나, 바로 맛이다. 블루베리 본연의 풍미, 그 맛을 한 번 맛본 고객은 결코 떠나지 않는다. 뿐만 아니라 새로운 고객을 계속 끌고 온다. 올해도 전국의 맛있는 블루베리는 완판, 없어서 못 팔았다. 블루베리로 돈 벌려면 직거래해야 한다. 그리고 직거래에 성공하려면 맛있는 고품질 블루베리를 생산해야 한다.

## 2) 대형마트 출하는 주로 중간 수집상을 이용한다

규모가 큰 농가에서는 유명 백화점이나 대형마트를 이용하는 유통 경로를 이용한다. 이 경로를 이용하려면 유통업자와 직접 만나 거래를 해야 한다. 개별 농가에서 직접 이러한 거래를 하기는 쉽지 않다. 개별 농가의 생산량으로는 기본 거래량이나 거래 지속성 등의 대형마트의 거래 시스템에 부응하기가 쉽지 않기 때문이다. 그래서 중간 수집상(벤더)을 이용한다. 국내에서 블루베리 판매를 전문으로 하는 중간 수집상은 거의 없으며, 보통은 선도 농가나 농업회사법인 또는 영농조합법인에서 이 역할을 하고 있다. 이런 경우의 출하는 보통 마트의 요구에 따라야 한다. 대부분 과립이 일정 이상 고르게 커야 하기 때문에 선별기를 이용하여 크기별로 선별하는 과정이 반드시 요구된다. 소규모 개인 농장에서는 간이선별기를 사용하고, 대형 농장에서는 자동선별기를 이용한다. 선별한 과실은 크기별로 용기에 담아 포장하며 용기의 크기와 모양은 지역별로 표준화되어 있다. 우리나라에서 마트용으로는 100g 용기가 일반화되어 있으며, 외국에서는 125g 용기를 주로 사용한다. 경우에 따라서는 대형마트에서 벌크 단위로 구입하여 자체적으로 포장하여 판매하는 경우도 있다. 냉동과의 경우는 특수한 플라스틱 백에 밀봉하여 출하하며, 구입 후 이용할 때 열고 다시 밀봉할 수 있어야 한다. 그리고 어떤 경우든 간에 상표, 용량, 생산지, 생산자 등을 포함하는 생산이력이 표시되어야 한다.

### 3) 경매시장에는 개별적으로 포장하여 출하한다

대도시의 농산물 도매시장에 속해 있는 개별 청과상회의 경매시장에 출하하는 경로이다. 생산 규모에 따라 직접 출하하기도 하고, 중간 수집상을 통하여 출하하기도 한다. 출하 방법은 100g, 200g 규모의 플라스틱 용기에 담아 상표를 부착하고, 대개 1kg 단위로 종이 박스에 담아 출하한다. 청과상회별로 경매에 의해 가격이 결정된다. 생산 농가는 여러 가지 정보를 입수하여 자신에게 유리하고 편리한 청과상회를 선택하여 경매에 참여하게 된다. 경매로 거래가 이루어지기 때문에 가격결정이 매우 탄력적이다. 수확 성기에는 집중 출하로 가격이 하락하고, 수확 후반이나 고온기에 접어들면서 품질이 떨어지면 가격이 급락하는 사태가 자주 일어난다.

### 4) 그 밖에도 다양한 유통시장이 있다

그 밖의 유통 경로로 홈쇼핑이나 로컬푸드, 각종 생활협동조합(생협)에 출하하는 방법이 있다. 블루베리 홈쇼핑은 아직 우리나라에서는 본격화되지 못하고 있다. 생산규모, 저장과 유통 기술, 품질관리 등이 홈쇼핑 시장 요구에 부응하지 못하고 있기 때문이다. 국내 생산자 연합이나 조합이 결성되어 생산물을 쉽게 지속적으로 확보할 수 있다면 충분히 활용할 수 있는 방법이다. 전

그림 7-9 대형마트와 백화점 판매
전국의 대형마트, 유명 백화점 매장에서 지역별, 시기별, 다양한 가격으로 판매되고 있다.

국 곳곳에 지역농산물을 판매하는 로컬푸드 매장이 있는데, 가까운 곳에 매장이 있으면 이용한다. 이곳에서는 가격을 생산자가 스스로 책정할 수 있어 이용가치가 크다. 친환경 유기농 블루베리의 경우는 생협 매장을 활용한다. 친환경 인증을 받고 상품에 인증마크를 부착한 블루베리는 대형마트의 친환경 코너 매장을 이용할 수 있다.

## 이왕이면 무농약·유기농 인증을 받자

앞서 관련 장에서 소개했던 것처럼 블루베리는 다른 과수에 비해 병충해에 대한 내성이 강하다. 그래서 농약 안 치고 재배하는 농가가 많다. 필요한 경우에는 천연약제나 포충 트랩 정도로 병충해 방제를 하고 있다. 또한 진달래과 식물로 척박한 토양에 잘 적응한 과수이다. 그래서 화학비료 안 주고 유기질비료만으로 재배하는 농가들도 많다. 여기에 유기물을 이용한 멀칭재배와 초생재배가 보편적이라 그야말로 친환경 농사를 짓고 있다. 즉, 유기합성 농약과 화학비료를 거부하는 친환경재배를 실천하고 있는 것이다. 그렇다면 다소 번거롭기는 하지만 무농약 또는 유기농 인증을 받고, 인증마크를 생산물에 부착하는 것이 좋지 않겠는가. 소비자 신뢰를 받아 더 좋은 가격을 받을 수 있고 유통에 유리한 고지를 점할 수 있는데 망설일 이유가 없다. 현재 국가가 인증하고 관리하는 친환경 농산물에는 무농약과 유기농이 있다. 무농약 농산물은 유기합성 농약을 사용하지 않고 화학비료는 추천하는 시비량의 1/3 이내에서 사용이 가능하다. 유기농은 일체의 유기합성 농약과 화학비료를 사용하지 않고 과원의 바닥 표면은 풀을 키워 덮어 줘야 한다. 이런 조건만 충족하면 친환경 농산물 인증을 받고 자신의 생산물에 인증마크를 부착하여 판매할 수 있다. 친환경 농산물 관리는 국가(농산물품질관리원)가 위임한 민간인증기관에서 담당하고 있다. 무농약 또는 유기농 인증을 받으려면 가까운 인증기관을 찾아 인증절차와 준비사항을 확인하고, 준비가 되면 인증신청서를 제출하여 심사를 받으면 된다. 인증기관은 서류심사와 현장심사를 하고 결격사유가 없으면 인증서를 발급해 준다. 농가는 인증서를 교부받으면 바로 생산한 농산물에 인증마크를 부착하여 판매할 수 있다. 친환경 농사의 주목적은 소비자의 신뢰를 얻어 더 잘 팔자는 것이지만 그 밖에 농약 안 치고 비료 안 주니까 더 편한 농사를 지을 수 있고, 여기에 생태환경을 생각하는 자부심을 갖고 농사를 지을 수 있다는 부수적인 효과도 노릴 수 있다.

▌무농약과 유기농 인증마크 부착 사례

# 부록

# 부록 1 월별 중점 재배관리 포인트

한국블루베리협회의 블루베리 카렌다(2014)에서 발췌하고 수정 보충하였다. 우리나라 중·북부 노지에서 재배되는 하이부시블루베리를 중심으로 하였다.

## 1월

**'새해에도 완판하는 대박 농사 꿈꾼다'**

겨울의 한가운데 추위가 혹독하다.

나무는 깊은 휴면, 겨울잠에 빠져 있다.

### 핵심관리

1. 새해 영농일지를 준비하고 농사계획을 세운다.
2. 선진 농가를 견학하고 농사정보를 교환한다.
3. 나무를 관찰하며 월동 해충을 구제한다.
4. 전정 작업을 준비하고 하순부터 시작해도 된다.

## 2월

**'가지치기에 몰입하고 세상근심 다 잊는다'**

기온이 조금씩 오르지만 기습한파도 온다.

나무는 휴면에서 깨어나 서서히 움직인다.

### 핵심관리

1. 겨울전정 적기로 본격적인 가지치기를 한다.

2. 전년도에 주문했던 유기질비료를 받는다(화학비료 별도 구입).

3. 시비처방에 따라 필요하면 황가루를 살포한다.

4. 겨울 가뭄이 계속되면 따뜻한 날 가볍게 관수한다.

## 3월

**'과원의 봄은 땅 밑으로 소리 없이 온다'**

기온이 점차 올라 봄기운을 느낀다.

가지마다 물이 오르고 발아 태세를 갖춘다.

### 핵심관리

1. 전정을 계속하고 가급적 초순까지는 마무리한다.

2. 채취한 삽수는 밀봉하여 냉장고나 땅속에 보관한다.

3. 출아 전에 기계유 유제나 석화유황합제를 살포한다.

4. 출아 전에 1차 시비(복합 또는 유기질비료)를 한다.

## 4월

**'찾아온 벌들은 블루베리 밭의 소중한 일꾼이다'**

기온이 크게 오르지만 가끔 서리도 내린다.

나무는 꽃눈이 부풀어 터지고 개화한다.

### 핵심관리

1. 삽목과 접목 작업의 적기이다.

2. 죽은 나무는 캐내고 보식을 해 준다(한냉지 봄심기).

3. 꽃눈 따 주기를 계속하고 이어 꽃송이도 따 준다.

4. 그루 주변의 잡초를 제거해 준다.

## 5월

**'계절의 여왕은 열매를 낳아 키운다'**

블루베리 생육에 최적의 날씨다.
뿌리와 신초생장이 활발하고 과실비대가
시작된다.

### 핵심관리

1. 착과기에 2차 시비(복합비료)를 한다.
2. 관수, 해충방제와 제초(예초)작업을 한다.
3. 출하 용기, 유통용 박스, 수확 인부를 미리 확보해 둔다.
4. 하순부터 긴 신초는 적심을 한다(8월 초순까지, 측지 발생 유도).


## 6월

**'첫 수확에 가슴이 설레는 달이다'**

기온은 오르고 날씨는 점차 무더워진다.
가지가 빠르게 자라고 열매는 급격히 비대
해진다.

### 핵심관리

1. 필요시 방조망을 점검하고 성숙 전에 쳐 준다.
2. 직거래는 고객명단을 점검하고 주문을 받는다.
3. 조생종부터 완숙과 수확을 시작한다.
4. 하순부터 녹지삽목의 적기이다(7월 초까지).

**'긴 장마에 수확은 해야 하고 마음이 바쁘다'**

날씨는 고온 다습하고 낮이 점점 짧아진다. 나무는 일시적으로 성장이 둔화되고 꽃눈 분화가 시작된다.

### 핵심관리

1. 장마기에 비 그친 날을 택해 수확을 계속한다.
2. 조·중생종 수확 후 마지막 시비(예비, 복합 또는 유기질 비료)를 한다.
3. 여름전정, 불필요한 흡지와 복잡한 가지를 솎아낸다.
4. 장마 뒤 가물면 꽃눈 분화에 신경 쓰고 관수해야 한다.

**'낙과사수(落果思樹), 과실을 준 나무에 감사하자'**

한여름 뙤약볕에 더위가 기승을 부린다. 나무의 성장은 거의 멈추지만 꽃눈 분화는 계속된다.

### 핵심관리

1. 중·만생종 수확 후 마지막 시비(예비, 복합 또는 유기질 비료)를 한다.
2. 여름 가뭄 피해를 입지 않도록 관수한다.
3. 유인 트랩 설치로 유해 나방류를 포살한다(갈색날개매미충).
4. 여름전정, 하순부터 흡지와 도장지를 잘라준다(꽃눈 형성 유도).

**'내년도 결실량이 결정되는 시기이다'**

초가을로 접어들며 더위는 한풀 꺾인다.
나무는 체내에 양분을 축적하고 가지와
꽃눈이 충실해진다.

### 핵심관리

1. 적절한 관수가 지속되어야 한다.
2. 제초와 예초작업을 계속한다.
3. 병충해 방제에 특별히 신경써야 한다.
4. 방조망을 걷고 수확용품을 잘 씻어 보관한다.

**'가을걷이 한창인데 블루베리 밭은 한가롭다'**

햇살을 따갑고 일교차가 커지며 서리도
내린다.
나무의 생장은 내리막길을 걷고 꽃눈이
완성된다.

### 핵심관리

1. 관수와 제초 작업을 가볍게 이어간다.
2. 나방류 포충 트랩을 수거하여 보관한다.
3. 죽은 나무는 캐내고 보식을 해 준다(온난지 가을심기).
4. 우드칩 등을 주문하고 추가 멀칭을 한다.

## 11월

**'곱게 단풍 들어 우수수 낙엽진다'**

가을의 끝자락으로 기온이 뚝 떨어진다.
단풍이 절정에 이른 뒤 낙엽 후 휴면에 들어
간다.

### 핵심관리

1. 유기물 멀칭 보충 작업을 마무리 짓는다.
2. 월동 전 시비(복합 또는 유기질비료)를 해도 좋다(3월 1차 시비 생략).
3. 토양분석을 의뢰하고 시비처방서를 받아 둔다.
4. 정부에서 보조하는 유기질비료를 신청한다.


## 12월

**'휴식을 취하며 한해 농사를 뒤돌아보자'**

기온은 점차 내려가고 땅은 얼기 시작한다.
나무는 깊은 휴면에 빠져 월동에 들어간다.

### 핵심관리

1. 충분히 관수하여 땅이 얼도록 한다.
2. 관수시설의 동파방지를 위한 조치를 취한다.
3. 냉동과가 있으면 가공이나 출하를 서둘러서 한다.
4. 영농일지를 보면서 한 해 농사를 결산한다.

# 블루베리, 맛있게 먹는 방법

 블루베리는 어떻게 먹느냐에 따라 맛이 다를 수 있다. 더 맛있게 먹을 수도 있고 다양한 맛을 즐길 수도 있다. 먹는 방법을 다각화하여 많이 그리고 꾸준히 먹어 소비를 연중 일상화하는 것이 좋다. 블루베리는 매일 먹어야 그 기능성이 제대로 발휘될 수 있다.

### 가능하면 씻지 말고 그냥 먹자

블루베리는 껍질째 먹는 과실이다. 과피에는 왁스 물질인 과분이 덮여 있다. 물에 씻으면 외관도 나빠지고 식감도 떨어질 수 있다. 가능하면 씻지 말고 그대로 먹는 것이 좋다. 과실에 묻어 있을지도 모르는 먼지나 잔류 농약 등을 걱정하는 소비자들이 많다. 그러나 블루베리는 십중팔구는 농약을 사용하지 않는다. 간혹 친환경 농약을 사용하지만 그것도 착과기에는 절대 사용하지 않는다. 먼지라도 씻어내야 하지 않느냐고 하는 소비자도 있는데, 그런 먼지를 숨 쉴 때마다 마시면서 굳이 과실 표면에 묻어 있을지도 모르는 먼지를 걱정할 필요는 없다. 그래도 찜찜하면 흐르는 물에 가볍게 씻어 먹는다.

### 생과, 아니면 냉동과로 즐긴다

바로 수확하여 상태가 좋은 블루베리는 상온에서도 제법 오래 간다. 냉장고에서는 보관방법과 품종에 따라 2~4주 이상 싱싱한 상태로 이용할 수 있다. 냉장고에 넣을 때도 과일·채소 보관함을 이용하면 훨씬 더 오래간다. 밀폐용기에 넣어 냉장하면 신선도를 장기간 유지할 수 있다. 경험해 본 바로는 김

생과

냉동과

치냉장고에 밀폐 저장하면 3개월 이상도 보관할 수 있다. 다만 밀폐하여 보관하는 경우, 용기를 열고 닫고를 반복하면 결로(물기)가 생길 수 있으므로 일단 개봉하면 이후는 바람이 통하는 용기에 옮겨 냉장 보관해야 한다. 그리고 밀폐용기나 지퍼백에 담아 냉동 보관하면 1년 이상 장기 저장이 가능하다. 블루베리는 냉동하여 연중 매일 일정량을 섭취하는 것이 바람직하다. 그리고 냉동과는 얼음과자처럼 맛과 풍미를 즐길 수 있고, 우유나 요구르트에 넣어 갈아 스무디나 슬러시를 만들어 먹어도 된다.

### 차게 하면 더 달고 더 맛있어진다

블루베리는 차게 하면 단맛이 증가한다. 대부분의 과실이 마찬가지이다. 과실 내 주요 당은 설탕, 과당, 포도당이다. 이중에서도 과당과 포도당이 큰 비중을 차지한다. 이들의 단맛은 설탕을 100으로 했을 때 과당은 173, 포도당은 73으로 과당의 단맛이 가장 높다. 액상의 과당은 알파형과 베타형이 적정 비율로 혼재되어 있다. 그런데 베타형이 3배 정도 더 달다. 저온에서는 베타형 비율이 높아져 단맛이 더 강해진다. 따라서 블루베리는 수확 후 냉장했다가(가능하면 밀폐냉장) 차게 해서 먹는 것이 좋다.

## 하루 적정 섭취량은 얼마일까

잘 익은 맛있는 과실을 매일 챙겨 먹는다. 수확기에는 생과를, 그 이외의 기간에는 냉동과를 이용한다. 아침 저녁 수시로 먹되 가능하면 많이 먹는다. 하루에 얼마나 먹는 것이 좋을까. 하루에 200g을 추천한다(종이컵 하나 가득). 사실 일일 적정 섭취량은 명확하게 규정할 수는 없다. 다다익선이다. 많이 먹을수록 좋다. 특별히 기능성을 체험하고 싶다면 다량 섭취를 권한다. 맛있는 블루베리는 한 자리에서 500g 용기 한 통을 또는 그 이상을 먹는 사례도 많이 경험하고 있다.

## 한입에 여러 알을 넣어라

일반 소비자들은 블루베리를 한 알 한 알 먹는 것이 보통이다. 그러나 블루베리 농가에서는 이런 말을 흔히 한다. 한 움큼 집어 한 입에 털어 넣고 꽉 깨물어 봐라. 씹히는 맛과 풍미가 입 안에 하나 가득 감도는 것이 일품이라고 한다. 한 알씩 맛을 음미하는 것도 특별한 맛을 선사하지만 서너 개의 과실을 한꺼번에, 가능하면 많이 넣어 식감과 풍미를 맛보는 것도 좋다. 특히 개별 과실 간에 단맛과 신맛 차이가 클 때는 이렇게 먹는 것이 훨씬 맛있다. 블루베리이기 때문에 가능한 섭취방법이라고 할 수 있다.

하루 한 컵

당산비 조절

## 당산비를 조절하여 먹는다

블루베리는 품종에 따라 달콤새콤한 것이 있는가 하면 새콤달콤한 것도 있다. 전자는 단 쪽에, 후자는 신 쪽에 무게가 더 있다는 뜻이다. 완숙과라고 하더라도 품종에 따라 맛이 다른데, 만생종일수록 신맛이 강한 경향이 있다. 신맛이 있기는 하지만 완숙하면 고유의 풍미로 맛이 좋다. 사람에 따라 약간의 신맛이 있는 것이 좋다고 하기도 한다. 아무튼 과실은 당산비, 즉 단맛과 신맛의 비율이 중요하다. 신맛이 강한 과실은 믹서로 갈 때 꿀을 적당량 가하여 당산비를 조절하여 먹으면 좋다.

## 모든 음식에 곁들여 먹는다

블루베리는 생과든 냉동과든 각종 요리에 첨가하여 먹어도 좋다. 샐러드, 쌈, 회덮밥, 볶음밥, 물김치, 식빵, 샌드위치 등에 넣어 먹어도 좋다. 그런가 하면 믹서로 갈아서 주스로 이용해도 된다. 이때 블루베리를 지나치게 많이 넣어 갈면 곧바로 응고되어 마시기에 불편하다. 물론 스푼으로 떠 먹을 수도 있지만 그냥 마시고자 할 때는 과실을 먹다가 일부를 남겨 요구르트, 우유에 넣어 갈아 마시면 좋다. 이때 취향에 따라 꿀, 올리브유, 아로니아 분말, 바나나 등을 함께 넣기도 한다. 아이스크림이나 생크림에 곁들여 먹기도 한다.

## 반가공 상태로 이용한다

과실을 직접 생식하는 것 외에도 다양한 방법으로 반가공하여 이용할 수 있다. 대표적인 것이 블루베리 떡, 빵, 피자 등이다. 떡으로는 백설기, 절편, 송편, 떡국 떡 등이 있다. 이러한 떡을 만들 때 블루베리를 갈아넣거나 아니면 과실을 통째로 넣어 만든다. 보통 쌀 한 말에 블루베리 1kg 정도 소요된다. 일상적으로 가장 쉽게 만들 수 있는 반가공품이 블루베리 떡이다. 그 밖에 피자나 빵을 만들 때에도 밀가루 반죽 과정에서 간 블루베리를 넣고, 아니면 밀가

상추쌈

볶음밥

루를 반죽하여 그대로 블루베리를 얹어 굽거나 찌는 방법이다.

### 심심한 블루베리는 어쩌나

어쩌다 아주 어쩌다 맛이 없는 블루베리를 만날 수 있다. 과실이 심심하여 단맛도 없고 그렇다고 신맛도 없다. 앞서 관련 장에서 언급했지만 이런 맛을 심심하다 밍밍하다라고 표현한다. 아무런 맛이 없다는 뜻이다. 그런가 하면 한여름 고온기에는 수확과 유통 과정에서 과실이 쉽게 물러질 수 있다. 물러지면 식감이 떨어져 맛이 뚝 떨어진다. 이런 블루베리를 만나면 당황스럽다. 버릴 수도 없다. 이럴 때에는 맛으로 먹는 것이 아니라 기능성, 즉 건강에 좋은 보약이라 생각하고 먹는 것이 좋다. 약은 쓰지만 몸에 좋으니 잘 먹는다. 떫고 맛이 없는 아로니아도 몸에 좋다고 먹는다. 인삼도 맛이 있어 먹는 것이 아니다. 그런 것들에 비하면 맛없는 블루베리는 훨씬 먹기가 편하다. 일단 물러진 블루베리는 냉동저장하면서 이용하면 된다. 생과든 냉동과든 간에 매일 소량씩 꺼내 우유나 요구르트 또는 다른 과실과 함께 갈아서 먹으면 된다. 이때 꿀을 적당량 넣어 주면 맛이 훨씬 좋아진다. 앞서 '당산비를 조절하여 먹는다'에서 이야기했던 것처럼 맛있는 블루베리도 꿀을 타서 함께 갈아 먹는다. 맛없는 블루베리도 이런 식으로 먹으면 얼마든지 맛있게 먹을 수 있다. 맛없는 블루베리는 생산자 잘못보다는 날씨가 큰 변수로 작용하기 때문에 너무 생산자 농민 탓하지 말고, 그대로 받아들이면 마음이 편해질 것이다. 블루베리 맛은 해에 따라 다를 수 있다. 어느 해 포도가 맛이 좋은 것은 그 해의 날씨 때문이다. 그 포도로 빚은 포도주가 명품이 되어 '몇 년산 포도주'라고 하며 고가로 팔리고 있는 것을 상기해 보면 좋겠다.

블루베리를 수확하여 생과나 냉동과로 판매하고 최종적으로 판매·소비가 어려운 과실은 가공용으로 사용한다. 수확 후 바로 가공하는 것보다 냉동저장하면서 가공하는 것이 좋다. 블루베리는 껍질이나 종자를 별도로 발라낼 필요가 없기 때문에 좀 더 편하게 가공할 수 있다. 과실로 가공할 수 있는 것은 즙(주스), 잼, 퓌레, 와인, 막걸리, 발효청, 발효식초 등이 있다. 이 가운데 농가에서 손쉽게 만들 수 있는 몇 가지 가공품의 제조 요령을 소개한다.

### 즙(주스)

1. 과실 가운데 미숙과, 부패과, 과숙과 등을 골라내고 잘 세척한다.

2. 블루베리 1kg에 물 1/2, 설탕 1/4을 사용한다.

3. 과실은 손으로 으깨도 좋지만 약간의 물을 가해 믹서로 으깨는 것도 좋다.

4. 블루베리와 물을 냄비에 넣고 끓인 후 식혀 천으로 거른다.

5. 거른 과즙을 냄비에 넣고 설탕을 넣고 2분 정도 잘 휘저으며 끓여 준다.

6. 식힌 후 냉장고에 보관하면서 블루베리 음료 조제에 사용한다.

7. 물, 얼음, 꿀, 레몬 등을 적당한 비율로 섞어 다양한 음료를 만든다.

\* 시판용 블루베리 착즙 주스(과즙)는 생과 또는 냉동과를 가까운 과일 주스 가공업체(건강원)나 시설을 갖춘 농가에 맡기면 된다. 가공업체에서 주문자 생산 방식으로 용기와 포장 디자인 등의 서비스를 일괄해서 받을 수 있다.

즙                              잼

## 잼

1. 과실에 설탕을 넣고 가열했다가 식히면 과실 중의 펙틴질과 유기산의 상호작용으로 젤리화가 일어난다. 따라서 잼은 펙틴, 산, 당의 비율에 따라 품질이 좌우된다. 적정비율은 펙틴(1.0~1.5%), 유기산(0.3%, pH 3.46), 당(설탕 60~65%)이다.

2. 원료 과실은 펙틴 함량이 높고 산미가 비교적 강한 적숙과를 사용하는 것이 좋다. 소과, 미숙과, 과숙과는 유기산 또는 펙틴이 부족하여 원료로 부적당하다. 공장 제품은 펙틴과 구연산을 추가하여 만들지만 가정용은 다음과 같이 만든다.

3. 생과 또는 냉동과 1kg과 설탕 0.5kg을 준비한다. 그리고 블루베리와 준비한 설탕의 반을 넣고 약한 불에 올려 놓는다. 그리고 나무주걱으로 저어가면서 끓인다. 중~강불로 화력을 올리며 나머지 설탕을 넣고 적당히 굳을 때까지 바짝 졸인다. 20분가량 졸여 준다.

4. 설탕은 과실의 30~80% 범위에서 기호에 따라 양을 조절할 수 있는데, 장기 보관용은 미생물 번식을 억제하기 위해 많이 넣는다. 최근에는 30% 정도 넣어 만든 생잼을 건강상의 이유로 선호하는 경향이 있다.

5. 세척한 블루베리를 용기에 넣고 으깨어 만들기도 하는데 이때 갈변을

방지하기 위해 레몬이나 레몬즙을 넣어 주기도 하는데, 보통 블루베리 1kg에 레몬 1개 정도 넣는다. 그리고 굳으면 맛을 보고 산미가 좀 부족하다 싶으면 레몬즙을 가하여 마무리한다.

6. 완성된 잼은 식기 전에 깨끗한 용기에 담아 곧바로 뚜껑을 닫아 거꾸로 놓아 식히거나, 중탕처리(끓는 물에 넣어 5~10분 정도 소독함)하여 멸균 보존한다. 설탕을 적게 넣은 잼은 가능한 한 작은 용기에 담아 바로 이용하는 것이 좋다.

\* 블루베리 과일 소스
잼을 만들 때 졸이는 시간을 줄이고 수분을 많이 남겨 잼보다 묽고 부드럽게 만든 것을 말하며, 요구르트, 아이스크림, 치즈케이크, 쿠키 등에 넣어 먹을 때 사용한다.

\* 블루베리 과실 퓌레
앞에서 언급한 묽은 잼과 비슷하다. 설탕을 10~20% 정도만 넣고 가볍게 끓여 졸인 후 용기에 담아 식힌다. 장기 보관을 하려면 끓는 물에 넣어 멸균 소독하는 것이 좋다.

## 식초

1. 식초용은 나무에서 과숙시킨 것이 좋으며 부패과는 반드시 제거한다.

2. 과실을 파쇄하여 이용하기도 하지만 착즙해서 발효시키는 것이 좋다.

3. 당도가 낮으므로 설탕을 첨가하여 당도를 17~19브릭스로 조정한다.

4. 온도 20~25℃에서 1주일 지나면 알코올 9도의 술이 된다(알코올 발효).

5. 초산 발효에 적당한 알코올 도수 6~7도를 맞추기 위해 물을 붓는다.

6. 온도 30℃에서 산소를 주입하면서 3주 정도 지나면 초산 발효가 완료된다.

7. 완성된 식초는 4~5℃에서 2개월 정도 숙성시킨다.

8. 숙성 중에는 식초액의 표면은 넓고 깊이는 얕게 하여 공기와의 접촉면을 넓게 해 주고, 표면에 얇은 막이 형성되면 3일에 한 번 정도 저어서 공기가 접촉되도록 해 준다.

식초

와인

## 와인

1. 블루베리 과실에는 유기산, 당, 미네랄이 적절히 함유되어 있고 색깔이 아름다워 좋은 와인을 만들 수 있다. 재료로 블루베리, 생수, 설탕, 인산 암모늄, 아황산염, 효모를 준비한다.

2. 블루베리를 잘 으깨어 발효통이나 발효 탱크(높이 3 : 지름 1 에어락 뚜껑 장착)에 넣는다. 이때 약간의 물을 가해 과즙액의 양을 조절해 준다. 그리고 설탕을 가하여 당도를 조절해 주는데, 가당량은 목표로 하는 알코올 농도에 따라 다르다. 알코올 농도 12% 와인을 만들기 위해 과즙의 당도를 24브릭스로 맞춘다.

3. 준비된 과즙에 분말 효모를 접종한다(과실 30kg에 효모 5g). 효모를 일단 50%로 희석한 과즙 500mL에 넣어 30분 정도 방치하여 활성화시킨 후 과즙에 접종한다. 효모 접종 전에 인산암모늄(14g, 효모의 질소영양 공급원)과 아황산염(2g, 숙성기간에 3g 추가, 산화와 잡균 번식을 방지)을 넣어 주기도 한다.

4. 발효 초기에는 하루 2번 정도 뒤집어 주어 산소 공급을 촉진시켜 준다. 발효 온도는 약 20℃로 관리하고 이보다 저온(15~18℃)에서 발효시키면 싱싱한 과실맛이 나는 와인이 되고, 고온(22~26℃)에서는 과피 색소 성

분이 충분히 용출되어 색조가 진한 와인이 된다. 최고 30℃ 이상이 되지 않도록 해야 한다.

5. 발효가 시작되면 이산화탄소가 발생하여 과피가 액면 위로 떠오르는데 과피가 공기와 접촉하면 산화되기 쉽고 호기성 유해균이 번식할 위험이 있으므로 아황산염을 추가로 넣어 주고, 과피는 과액 중에 가라앉도록 해 준다.

6. 발효가 진행되어 목표로 하는 색과 고유의 떫은맛이 나오면 일단 1차 발효된 와인을 걸러내고, 당분이 완전히 분해될 때까지 계속 발효시켜 이산화탄소 발생이 완전히 종료되면 바닥의 침전물을 제거한다.

7. 완성된 와인은 술통, 가능하면 오크통에 넣어 18℃의 서늘한 장소에서 숙성시킨다. 보통 6개월에서 2년 정도 숙성시킨 후 병에 담아 보관한다.

* 시판용 와인은 주류 판매 허가를 받아야 하며, 포도나 사과 와인공장(와이너리), 시설을 갖춘 블루베리 농장에 위탁하여 생산하는 것이 좋다.

## 과실주

1. 블루베리 과실에 소주를 부어 담가 두면 적자색의 멋진 술이 된다. 와인과 같은 발효주는 아니지만 과실주의 일종이다.

2. 완숙과는 산미가 적어 레몬을 가하는 것도 좋지만 과실주를 만드는 것이 목적인 경우는 미숙과를 20% 정도 넣으면 산미 확보가 가능하다.

3. 사용하는 과실의 양은 소주의 1/3 정도로 하며 세척한 과실을 사용할 때는 물기를 완전히 제거하는 것이 좋다.

4. 잘 정제된 설탕을 과실의 1/3 정도 넣는다. 설탕 추가는 단맛을 내기 위한 것도 있지만 주요 성분의 침출을 돕는 역할을 한다.

5. 1주 정도 지나면 과실의 추출액이 침출되어 나온다. 2~3개월 지나면 색소가 완전하게 빠져 나오기 때문에 과실을 끄집어 낸다.

272

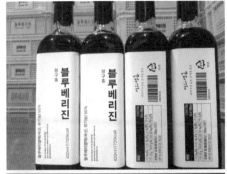

## 그 밖의 다양한 블루베리 가공품

농가에서 쉽게 만들 수 있는 것으로 블루베리청도 있다(위 왼쪽). 이외에도 다양한 가공품이 제조되어 시판되고 있는데, 몇 가지 특이한 제품으로 떠먹는 블루베리잼, 타 먹는 블루베리, 짜 먹는 블루베리, 블루베리 콜라겐 등 이 있다.

* 사진 출처 : 양재영(모닝팜블루베리)

연금나무 수익 모델과 성공사례

한때 제주에서는 감귤나무를 대학나무라고 했다. 감귤 몇 그루면 자녀들 대학 학자금을 마련할 수 있었다는 것이다. 연금나무는 블루베리 농사로 은퇴 후 연금 못지않은 수익을 챙겨 주는 나무라는 뜻이다. 60대 은퇴자 혼자 또는 부부가 감당할 수 있는 농사 규모로 1,000평을 권고하면서, 연 3,600만 원 소득의 수익 모델을 제안하였다. 귀농 성공사례로 충북 보은의 팜누리블루베리 농장을 소개 하였는데, 그의 성공 스토리를 보면서 수익 모델이 결코 과장이 아니라는 것을 알 수 있다. 성공사례는 한국블루베리협회 뉴스레터 통권34호 가을호(2017)에 게재된 내용의 일부를 옮겼다.

### 1. 천 평 농사에 3,600만 원 수익 모델을 제안한다

연금나무, 블루베리 1,000평 농사를 권한다. 이 정도는 건강한 은퇴자라면 혼자 또는 부부가 부담 없이 운영할 수 있는 면적으로 봤다. 무엇보다도 재배 관리, 수확 작업을 무리 없이 감당할 수 있을 뿐만 아니라 수확한 과실을 판매 하고 처분할 수 있는 규모이기도 하다. 규모의 농사에서 가장 중요시되는 부문은 완판이 가능하고, 못 팔아도 쉽게 처분이 가능한 규모이다. 1,000평에 빽빽하게 재식하면 1,000주도 가능하지만 역시 농사를 수월하게 짓기 위해 재식 간격을 넓게 하여 800주를 심도록 했다. 블루베리는 하이부시 기준으로 성목 이 되면 보통 주당 5kg 이상을 수확할 수 있다. 그렇지만 이것도 욕심 부리지 않고 최고의 품질관리와 게으름의 농사를 감안하여 주당 3kg을 목표로 설정 하였다. 가격은 지난 10년간의 직거래를 기준으로 kg당 3만 원을 유지하고 있 지만 겸손하게 2만 원으로 책정하였다. 이렇게 가정하여 1,000평에서 올릴 수 있는 예상 수익을 계산해 보면 다음과 같다. 생산비(1,200만 원)를 빼고 연간 소득 3,600만 원이다. 월 300만 원 소득으로 웬만한 근로자 연금소득 이상이다. 참고로 이 경우는 자신들의 인건비는 생산비에 계상하지 않았다.

**월소득 300만 원 수익 모델 블루베리 농사(2021년 기준)**

1. 재배면적 : 1,000평
2. 재식 주수 : 800주
3. 주당 수량 : 3kg
4. 수확량 : 800주 × 3kg = 2,400kg
5. 판매금액 : 2,400kg × 2만 원 = 4,800만 원
6. 연간 소득 : 4,800만 원 − 1,200만 원 = 3,600만 원

## 2. 성공사례 : 보은의 팜누리블루베리

### 귀농을 준비하면서 농업회사법인을 설립하다

팜누리블루베리는 공식적으로는 농업회사법인이다. 왜 회사법인을 만들어 귀농을 했을까. 그 사연이 재미있고 지혜로웠다. 우선 가족, 형제, 친지들로부터 투자금을 받기 위해서였다. 농업회사 형식을 빌려 개원에 필요한 경비를 가까운 친지들로부터 조금씩 지원받았다. 농장 운영의 전략이었다. 농장에 관심과 성원을 이끌어 내고 블루베리의 판촉 요원으로서 그들을 활용하기 위해서였다. 결과는 성공적이었다. 블루베리를 수확하여 큰 수익을 내고 있지만 투자한 가족, 친지들에게 수익금을 나누어 주지는 않는다. 제주의 모슬포 앞바다에는 가파도와 마라도라는 두 섬이 있다. 그곳 사람들은 이 섬 이름을 빗대어 빌린 돈을 '가파도 그만 마라도 그민'이라고 한다. 회사 이류을 빌려 투자받은 돈이지만 사실은 빌린 돈이나 다름없었다. 그렇게 빌린 돈은 갚아도 그만 말아도 그만이었다.

### 모두가 꿈꾸는 은퇴 후 귀농의 롤 모델이 되다

팜누리블루베리 농장의 윤대희 대표, 그는 평범한 직장인이었다. 은퇴 후 귀농을 꿈꾸며 나름대로 이런 저런 궁리를 했다. 주변 친구들도 비슷한 생각을 갖고 있었지만 대부분 궁리만 하다가 말았다. 그는 회사에 다니면서 당시 나이 56세에 과감하게 일을 저질렀다. 물려받은 논 1,600평에 1,500주의 블루베리를 재식하였다(나중에 안 이야기지만 혼자 감당하기에 부담스런 규모라며 1,000평 정도면 좋았을 것이라고 했다). 그리고 틈틈이 시간 날 때마다 내려가 블루베리를 관리하였다. 그러다 재식 3년 후 수확이 시작되면서 회사에 사표를 내고 본격적으로 블루베리 농사에 뛰어들었다. 개원 초기에 묘목과 자재 구입비, 인건비, 지하수 개발과 관수시설에 비용이 들었다. 그 후에 순차적으로 방풍벽, 방조망, 저온 저장고와 냉동고를 설치하였다. 대략 6,000만 원을 투자했는데 심은 후 3년부터 조금씩 수확을 하다가 5년이 되는 해 매출이 6,000만 원을 넘었다. 생산비, 인건비를 제한다 해도 놀라운 수입이다. 다른 작물로는 꿈도 꿀 수 없는 수입이다. 투자비는 진작에 회수되었고 적잖은 수입에 농사의 재미까지 얻었으니, 누가 뭐래도 그는 성공한 귀농인임에 틀림없다.

### 농약 안 치고 오가며 혼자서도 할 수 있는 농사다

그의 농장은 충북 보은에 있다. 보은은 대추로 유명하며, 대추 주산지에서는 대추를 재배하는 것이 유리하다. 그럼에도 그는 블루베리를 선택하였다. 가장 큰 이유는 농약을 안 치고도 재배할 수 있다는 소리에 솔깃했기 때문이다. 대부분의 과수는 평균 10회 이상 농약을 살포하고 있다. 이 농장에서는 개원 이후 농약을 한 번도 사용하지 않았다. 그는 평균하여 주 3일은 서울서 가족들과 더불어 지내고, 주 4일 정도는 보은 농장 근처 원룸에서 혼자 생활하고 있다. 블루베리 농사는 기본만 갖춰 놓으면 일이 많지 않고 수확기 외에는 크게 바쁜 일이 없어 이렇게 오가면서 그것도 혼자서 지을 수 있다. 밭에는 부직포와 우드칩을 덮어 주었기 때문에 제초에도 크게 신경 쓰지 않는다. 물은 가물다 싶으면 그때마다 가볍게 주는 정도이고, 11월경 유박을 한 번 주면 한 해 농사 끝이다. 전정은 12월부터 시작하여 겨울 내내 혼자 하는데 그에게는 가지치기 놀이이고 농사가 주는 즐거움이라 했다.

### 정직한 농사에 철저한 고객관리로 없어서 못 판다

그는 농사 경험이 전혀 없었다. 선배의 경험과 조언으로 시작하였고, 지금까지 기술적인 면에서 아무런 문제도 없었다. 이번에도 주당 2kg에 총 3,000kg을 수확했는데 전량 직거래로 판매하였다. 대부분 전화로 주문받고 택배로 보내 주는 방식이다. 그의 휴대전화에는 500명의 고객 리스트가 저장되어 있다. 블루베리 수확 개시, 판매 안내, 그 밖의 고객 서비스, 홍보 등이 휴대전화로 이루어진다. 판매에 전혀 어려움이 없다고 한다. 매년 완판, 없어서 못 팔았고 팔다 남으면 쓰려고 했던 냉동고는 그 동안 한 번도 써 볼 기회가 없었다. 앞으로도 과실의 품질만 유지할 수 있다면 가격과 고객 유지에 전혀 문제가 없을 것이라고 자신 있게 이야기했다. 마침 농장을 방문한 날은 11월 11일 농업인의 날이었다. 블루베리 밭은 온통 붉은 단풍으로 물들어 있었고, 멀리 속리산이 보였다. 속리산, 그 이름처럼 세속과 떨어져 조용히 후반 인생을 가꾸어 가는 그의 모습, 뭔가 있어 보였다.

블루베리로 인생 이모작에 성공한 윤대희 대표가 자신이 일군 블루베리 밭에서 흐뭇하게 미소 짓고 있다.

## 부록 5 　블루베리 '게으름의 농사' 체험수기

농사는 힘들다는 인식이 있다. 실제로 그렇다. 하지만 크게 힘들이지 않고 손쉽게 지을 수 있는 농사도 있다. 이런 농사를 일러 '게으름의 농사'라고 한다. 게으름이라고 하면 다소 부정적인 의미가 떠오르긴 하지만, 버트런드 러셀의 저서 《게으름에 대한 찬양》에서 따온 말이다. 일을 적게 하는 농사라는 뜻이다. 심고 나서 거의 내버려 두다시피 하는 농법이라고 해서 자연농법, 무관심농법, 태평농법이라고 부르기도 한다. 그 이름에서 보듯 게으름의 극치를 이루는 농법이다. 필자는 재배가 까다롭기로 소문난 블루베리에서도 그와 유사한 게으름의 농사를 체험했다. 이름 하여 무관수, 무비료, 무농약의 3무 농법이 그것이다. 그렇다면 그게 어디 농사냐고 반문하기도 한다. 분명히 농사이다. 가지치기를 해 주고 예초를 해 주기 때문이다. 이 체험을 공유하여 블루베리 농사를 꿈꾸는 예비 농부들에게는 자신감을, 많은 블루베리 농업인들에게는 자신의 농법을 되돌아 보는 계기로 삼았으면 좋겠다.

### 재식과 그 후 3년, 유목시대

**30년 묵힌 밭을 복구하고 뭘 심을까 고민하다가 마사토에 반해 블루베리를 심었다. 심은 블루베리는 잘 컸다. 그새 해 준 것은 가지치고 주당 비료 몇 줌 준 것이 다였다.**

시골 야트막한 산자락에 자리한 작은 땅과 인연을 맺었다. 고개 들면 가까이 동해 바다가 보인다. 족히 30년 이상을 묵힌 밭으로 잡목이 무성했다. 듣자 하니 예전에는 농사가 꽤나 잘 되어 아무거나 심어도 잘 되는 밭이었다고 한다. 일단 밭을 원상복구해 보자고 나무들을 캐 한편으로 모으니 적절한 경사에 깨끗한 마사토가 드러났다. 간이로 측정해 본 토양 pH는 5.0이 나왔다. 뭘 심어 볼까 고민했다. 토양을 보니 생각나는 작물이 바로 블루베리였다. 입지 조건이 좋지 않았다. 무엇보다 차가 들어갈 수 없고, 관수시설을 할 수 없었다. 그래도 한 번 심어 보기로 결심했다. 머릿속에 막연히 스쳐지나 가는 자연농법에 대한 환상이 결심을 재촉했다. 행여 실패하면 소나무 같은 조경 수목을 대체작물로 심어 두기로 했다.

2013년 늦은 봄, 약간의 피트모스, 왕겨, 부직포 그리고 묘목으로 듀크, 엘리어트, 블루제이, 원더풀, 루벨, 노스랜드 여섯 품종을 구입했다. 차도가 없는 입구에서 밭까지 굴삭기로 자재와 묘목을 운반했다. 적당한 경사에 물빠짐이 좋은 토양이라 이랑은 만들지 않았다. 평이랑에 1.5×2.5m 간격으로 구덩이를 삽으로 파고 피트모스와 왕겨를 조금 넣어 심었다. 그리고 전면을 부직포로 덮고 바람에 날아갈까 봐 흙을 두껍게 얹어 주었다. 관수가 어렵다고 판단하여 비오기 전날로 재식 날짜를 잡았다. 심고 나니 제법 밭 같아서 일단은 흐뭇했다. 길이 멀어 재식 후 서둘러 작업을 마무리하고 귀가했다. 예보대로 다음 날 적지 않은 봄비가 내렸다. 그 뒤로 한참을 까맣게 잊고 있다가 여름 장마가 끝날 무렵 밭에 가 봤다. 뿌리가 제대로 활착한 듯 모든 그루에서 신초가 나와 잘 커가고 있었다. 이웃 농가에서 복합비료를 한 바가지 얻어 와 그루마다 반 줌씩 주었다. 그리고 또다시 잊혀진 블루베리 밭, 여름, 가을, 겨울을 보내고, 이듬해 재식 후 2년차 잔설이 희끗희끗 남아 있는 2월이었다. 월동은 잘했는지, 얼어죽지는 않았는지 내내 걱정하면서 먼 데 있는 밭으로 차를 몰았다. 당도해 보니 다행히 블루베리는 걱정을 뛰어넘어 한 그루도 죽지 않았다. 고맙기도 하고 신기하기도 했다. 나무가 어리고 작아 혼자 가지치기를 뚝딱 끝냈다. 그리고 재식 후 두 번째 여름을 맞이하였다. 쑥쑥 커가는 모습을 확인하며 작년에 이어 복합비료를 그루마다 반 줌씩 주었다. 밭은 부직포로 말끔하게 멀칭을 해놨지, 물은 아예 줄 수노 없지 하여, 밭 주변 예초 한두 번 외에는 특별히 할 일이 없었다. 나무는 저희 스스로 잘도 커갔고 완전히 활착된 듯 새 가지도 쑥쑥 뻗어 나왔다. 다시 한 해가 지나고 재식 후 3년차의 3월, 가

2013년 4월 30일 밭을 만들다.

2013년 4월 30일 묘목을 심다.

2013년 4월 30일 부직포를 덮다.

2014년 2월 21일 나홀로 전정

2014년 5월 1일 무결주 활착

2014년 6월 1일 쑥쑥 커가다.

지치기를 끝내고 그루 주변에 유박을 한 줌씩 뿌려 주었다. 이것이 이곳 블루베리 농사의 마지막 시비였다. 유목기 3년간 준 비료는 주당 복합비료 반 줌,

반 줌, 그리고 유박 한 줌이었다(그 후 현재까지 일체 비료를 주지 않았다). 시비라 할 것도 없었지만 이식 후 활착과 초기 생육에 도움이 되었을지도 모르겠다. 관수 없이 얼마나 버티나 보자 했는데 3년이 지나도록 결주 하나 없이 모두 제대로 정착하였다. 블루베리는 뿌리가 얕게 분포하고 근모가 없어 건조에 특히 약하다 했는데, 재식 후 3년이 지나도록 물 한 방울 주지 않았는데 생존을 넘어 건강하게 잘 자라고 있다. 아직 어리니까 버티는 것일까. 그래 어디까지 가나 보자 하며 한 해 한 해 지켜보기로 했다.

## 재식 후 4~5년, 청목시대

**밭은 풀로 덮이기 시작했다. 이른 봄에 마른 풀 걷어내고, 가지치기를 하고, 여름에 2~3회 예초했다. 극심한 가뭄 속에서도 늠름하게 살아남아 건강하게 자라주었다.**

재식 후 4년, 3월초, 가지치기를 해 주려고 농장을 방문했다. 블루베리는 온통 마른 풀로 덮여 있었다. 검불을 대충 걷어내니 블루베리가 제모습을 드러냈다. 심고 4년이 되니 제법 늠름한 청목으로 자랐다. 밭을 한 바퀴 둘러보았다. 규모는 작지만 누가 봐도 블루베리 농장이다. 간판은 내걸지 않았지만 마음속으로 '자연드림' 작은 농장으로 이름 붙였다. 자연농법을 꿈꾸는 소박한 농장이라는 뜻이었다. 그 동안은 부직포 멀칭 덕분에 제초에는 신경 쓸 일이 전혀 없었다. 농장 주변의 풀만 틈날 때마다 예초해 주었다. 그랬는데 부직포가 삭아 문드러지면서 블루베리 밭에도 풀이 나기 시작하였다. 저절로 초생재배가 시작되었다. 두 번 예초하고, 세 번째 예초 이후 계속 자란 풀은 블루베리를 덮고 그 상태로 월동했다. 풀과 함께 블루베리는 여전히 잘만 커갔다. 수확도 조금씩 할 수 있었다. 블루베리 맛도 보고 수확의 기쁨도 체험할 수 있었다.

재식 후 5년, 이른 봄, 늘 그래 왔던 것처럼 가지치기를 위해 농장으로 발길을 옮겼다. 어느 해보다 블루베리 안부가 궁금했다. 지난해 여름 전국적으로 가뭄이 극심했기 때문이다. 마른 풀 이불 삼아 잠자던 블루베리들이 막 깨어나 기지개를 켜고 있었다. 아, 글쎄 이게 웬일인가. 그 가뭄 속에서도 건강하게 살아남았고, 피해가 전혀 없었다. 언제까지 견딜 수 있을지 걱정 반 기대 반

2016년 3월 4일 가벼운 전정

2016년 6월 3일 생장은 순항

2016년 6월 15일 맛보기 결실

2017년 3월 13일 마른 풀 걷고

2017년 6월 14일 수확의 손맛

2017년 8월 31일 풀 속에 묻혀

속에서 블루베리는 생존을 넘어 계속 커갔다. 그러면서 초생재배로 풀도 점점 무성해져 갔다. 추위와 가뭄 극복에 이들 풀들이 한몫했을 거라는 믿음도 생겼다.

그해 6월은 더욱더 잊을 수 없는 방문이었다. 작년에 이어 다시 심한 가뭄이 찾아왔다. 이번에도 블루베리들이 과연 견디고 있을까? 걱정에 궁금한 마음으로 농장 입구에 들어섰다. 주변 농작물들은 타들어가고 있었고, 아까시나무마저 축 늘어져 목말라 하고 있었다. 다소 높은 곳에 위치한 농장에 올라서니 탄성이 절로 나왔다. 블루베리들이 너무도 생생했다. 모두 살아남았을 뿐만 아니라 하나같이 탐스런 열매를 주렁주렁 매달고 있었다. 크고 탐스런 보랏빛 과실이 눈과 입을 행복하게 해 줬다. 심은 지 5년 만에 제대로 맛본 블루베리요, 첫 수확의 기쁨을 누렸다. 그 극심한 가뭄 속에서 믿어지지 않는 삼무농법의 가능성을 온몸으로 확인할 수 있었다. 그렇지만 여전히 불안한 마음을 떨쳐 버릴 수 없었다. 앞으로 얼마나 더 이런 상태가 유지될지 몰라서였다.

## 재식 후 6~8년 성목시대

**늦은 봄 가지치기와 연 2회 예초로 해마다 풍성한 결실을 선물해 주고 있다. 맛도 크기도 최상. 자연농법, 게으름의 농사, 그 가능성을 연년에 잇따라 확인하다.**

시간이 흘러 블루베리들은 어느새 6년생 성목이 되었다. 성목이 된 첫해 게으름 피우다 전정시기를 놓쳤다. 늦었지만 가지치기를 하려고 농장에 갔다. 예상 밖의 장면이 눈앞에 펼쳐져 있었다. 마른 풀로 덮여 있어야 할 블루베리밭이 깨끗했다. 마른 풀들이 눈비에 젖고 사그라들어 바닥에 납작 주저앉아 있었다. 마른 풀 걷어 주는 것도 큰일이었는데, 눈앞에 전개된 초원의 블루베리, 마음이 홀가분했다. 그 후부터는 늦은 봄 전정을 하기로 했다. 2월 선정이 직기라지만 4월의 늦은 전정도 생육과 결실에 크게 영향을 미치지 않는 듯 보였

2018년 4월 6일 사그라든 풀 | 2018년 6월 13일 풍성한 결실

2019년 4월 5일 개화기 전정 | 2019년 6월 11일 신이 내린 선물

2019년 8월 30일 마지막 예초 | 2020년 3월 31일 쑥 자란 나무

2020년 6월 16일 듀크 첫 수확

2020년 9월 4일 예초 전 모습

2020년 9월 4일 한 해 농사 끝

2021년 3월 26일 때늦은 전정

다. 성목이 되면서 가지치기를 하는데 시간이 오래 걸렸다. 그래도 매번 전정
은 하루에 끝냈다. 게으름 농사에 걸맞게 주축지 제거와 수형을 다듬는 데 초
점을 맞추면서 대충하는 전정이 되었다. 그래도 블루베리는 잘만 컸다. 처음
엔 예초를 5월, 7월, 9월에 세 번 해 줬다. 성목이 되면서부터는 2회 예초로 굳
어졌다. 첫 예초는 수확 전 5월 말, 두 번째이자 마지막 예초는 8월 말로 연간
예초 작업 일정이 고정되었다. 세 번 예초가 바람직하지만 게으른 농부에겐 두
번으로 족했다. 특히 8월 말 예초 이후에도 풀들이 꽤 자란다. 이렇게 자란 풀
들이 블루베리를 적당히 뒤덮어 한겨울의 매서운 찬바람과 가뭄을 견디고 극
복하는 데 도움이 될 거라 판단했다. 자연드림 농장에서는 이 풀들을 겨울 이
부자리라고 불렀다. 예초의 목적은 블루베리의 생육을 돕는 의미도 있지만 사

실상의 이유는 농장을 농장답게 보이려고 한 측면도 있다. 외진 곳이긴 하지만 '이 농장은 관리되고 있습니다'라고 알리고자 함도 있었다.

　성목이 된 후부터 농장에서 하는 일이란 봄에 가지치기 하루, 여름에 예초 두 번 그리고 수확하는 일이 전부였다. 성목이 다 된 큰 나무이지만 비료 한 줌, 물 한 방울 주지 않는다. 그런데도 해마다 결실은 놀랍기만 하다. 벌써 3년째 제대로 된 수확을 하고 있다. 많이 달리고 알도 굵고 맛 또한 최상이다. 수확하러 가면 모두가 자연의 선물에 감동한다. 주렁주렁 매달린 청자색 과실에 감탄하고 알알이 담긴 맛에 감동하고, 무엇보다 자연의 넉넉한 선물에 머리 숙인다. 수확 후 늦여름에 마지막 예초를 마쳤다. 이렇게 또 한 해 농사를 마감하였다. 그리고 또 다시 봄을 맞이하고 때늦은 전정을 하면서 지난날을 회상해 봤다. 블루베리를 심은 지 8년이 지나 9년째다. 생각해 보니 블루베리가 자연에 적응하면서 저 혼자 커준 것이다. 지독한 가뭄 속에서도 살아남는 길을, 물과 비료 안 줘도, 농약 한번 안 치고 토양 pH 조절 안 해 줘도 더 잘 살 수 있는 길을 스스로 찾은 것이다. 그냥 놔두고 조금만 도와준 이런 농사에서 무엇인가 배울 수 있지 않을까. 지나친 간섭은 농사에 독이 될 수 있다. 웬만하면 자연에 맡겨라.

참고문헌

Abbott, J.D. and R.E. Gough. 1987. "Seasonal development of highbush blueberry under saw dust mulch." *J. Amer. Soc. for Hort. Sci.* 112: 60−62.

Barritt, B.H. 1992. *Pruning and training intensive orchard management.* Good fruit Grower.

Birkhold, K.T., K.E. Koch, and R.L. Darnell. 1992. "Carbon and nitrogen economy developing rabbiteye blueberry fruit." *J. Amer. Soc. for Hort. Sci.* 117: 139−145.

Hancock, J., P. Callow, S. Serce, E. Hanson, and R. Beaudry. 2008. Effect of cultivar, controlled atmosphere storage, and fruit ripeness on the long-term storage of highbush blueberries. *HortTechnology* 18: 199−205.

Kähkönen, M.P. and M. Heinonen. 2003. "Antioxidant activity of anthocyanins and their aglycons." *J. Agric. Food Chem.* 51: 628−633.

Norvell,D.J. and J.N. Moore. 1982. "An evalutaion of chilling models for estimating rest requirements of highbush blueberry." *J.Amer. Soc. for Hort.* Sci. 107: 54−56.

Retamales, J.B. and J.F. Hancock. 2018. *Blueberries*(2nd edition). CABI.

Schilder, A., R. Isaacs, E. Hanson, and B. Cline. 2008. *A Pocket Guide to IPM Scouting in Highbush Blueberry.* MSU Extension.

Spiers, J.M. 1976. "Chilling regimes affect budbreak in 'Tifblue' rabbiteye blueberry." *J. Amer. Soc. for Hort. Sci.* 101: 84−90.

Valenzuela-Estrada, L.R., V. Vera-Caraballo, L.E. Ruth, and D.M. Eissenstat. 2008. "Root anatomy, morphology, and longevity among root orders in Vaccinuum corymbosum(Ericaceae)." *American J. of Botany* 95(12): 1506−1514.

Wu, X. and R.L. Prior. 2005. "Systematic identification and characterization of anthocyanins by HPLC–ESI–MS/MS in common foods in the United States: fruits and berries." *J. Agric. Food Chem.* 53: 2589–2599.


경상북도 농업기술원. 2014. 블루베리 병해충 진단과 방제.

김용구. 2004. 사과나무 성목의 하수형 전정법. 한국과수정지전정연구소.

김진국 외. 2011. "노지와 비가림하우스 재배에 따른 블루베리 'Northland' 품종의 생육 및 과실 특성분석." 생물환경조절학회지 20(4): 387–393.

농촌진흥청. 2008. 블루베리–표준영농교본.

농촌진흥청. 2010a. 하이부쉬블루베리 노지재배 매뉴얼.

농촌진흥청. 2010b. 알기 쉬운 블루베리 재배기술 문답집.

농촌진흥청. 2013. 블루베리–농업기술길잡이.

농촌진흥청. 2014. 알기쉬운 블루베리 심는 방법.

문원 외. 2020. 원예학. 한국방송통신대학교출판문화원.

문원 외. 2020. 재배식물생리학. 한국방송통신대학교출판문화원.

이경준. 2018. 수목생리학. 서울대학교출판문화원.

이소영. 2016. "피트모스, 황분말 및 황산화 세균 처리가 블루베리 재배토양의 산도변화에 미치는 영향." 석사학위논문, 한국방송통신대학교 대학원.

조성진 외. 1985. 토양학. 향문사.

조성진 외. 1985. 비료학. 향문사.


石川駿二, 小池洋男. 2005. ブルーベリーのつくり方. 農文協.

石川駿二, 小池洋男. 2007. ブルーベリーの作業便利帳. 農文協.

日本ブルーベリー協會. 2007. ブルーベリー全書. 創森社.

堀込 充. 2009. よくわかる栽培12か月 ブルーベリー. NHK出版.

# 찾아보기